海外進出と品質経営による成長戦略

グローバル中堅企業100年の軌跡

一般社団法人 日本品質管理学会 監修
中尾 眞 著

日本規格協会

JSQC選書
JAPANESE SOCIETY FOR QUALITY CONTROL
33

●執筆者●

中尾　　眞　株式会社ジーシー最高顧問

発刊に寄せて

日本の国際競争力は，BRICsなどの目覚しい発展の中にあって，停滞気味である．また近年，社会の安全・安心を脅かす企業の不祥事や重大事故の多発が大きな社会問題となっている．背景には短期的な業績思考，過度な価格競争によるコスト削減偏重のものづくりやサービスの提供といった経営のあり方や，また，経営者の倫理観の欠如によるところが根底にあろう．

ものづくりサイドから見れば，商品ライフサイクルの短命化と新製品開発競争，採用技術の高度化・複合化・融合化や，一方で進展する雇用形態の変化等の環境下，それらに対応する技術開発や技術の伝承，そして品質管理のあり方等の問題が顕在化してきていることは確かである．

日本の国際競争力強化は，ものづくり強化にかかっている．それは，“品質立国”を再生復活させること，すなわち“品質”世界一の日本ブランドを復活させることである．これは市場・経済のグローバル化のもとに，単に現在のグローバル企業だけの課題ではなく，国内型企業にも求められるものであり，またものづくり企業のみならず広義のサービス産業全体にも求められるものである．

これらの状況を認識し，日本の総合力を最大活用する意味で，産官学連携を強化し，広義の“品質の確保”，“品質の展開”，“品質の創造”及びそのための“人の育成”，“経営システムの革新”が求められる．

“品質の確保”はいうまでもなく，顧客及び社会に約束した質と価値を守り，安全と安心を保証することである．また“品質の展開”は，ものづくり企業で展開し実績のある品質の確保に関する考え方，理論，ツール，マネジメントシステムなどの他産業への展開であり，全産業の国際競争力を底上げするものである．そして“品質の創造”とは，顧客や社会への新しい価値の開発とその提供であり，さらなる国際競争力の強化を図ることである．これらは数年前，(社)日本品質管理学会の会長在任中に策定した中期計画の基本方針でもある．産官学が連携して知恵を出し合い，実践して，新たな価値を作り出していくことが今ほど求められる時代はないと考える．

ここに，(社)日本品質管理学会が，この趣旨に準じて『JSQC選書』シリーズを出していく意義は誠に大きい．“品質立国”再構築によって，国際競争力強化を目指す日本全体にとって，『JSQC選書』シリーズが広くお役立ちできることを期待したい．

2008年9月1日

社団法人経済同友会代表幹事
株式会社リコー代表取締役会長執行役員
(元 社団法人日本品質管理学会会長)

桜井　正光

まえがき

私は35年間（1983～2018年）経営者（CEO）として活動し，この間自分なりに幾多の関門を通り抜け，無事次世代にバトンを渡すことができたと感じている．この間私を支えてくれたのは海外市場の存在とTQM[*1]への取り組みであった．これらの経験が経営者としての私を育ててくれたと信じている．

さて，新型コロナウイルス禍以前は，地球上では年間13億人もの人々が海外旅行を楽しみ，毎日93 000便の航空便が世界中の9 000の空港を往き来し，年間40億人が移動し，また船は3億トンもの物資を輸送している．正に我々の想像を越える規模で空間移動が進行している．その上IT技術の革命的な進化により，情報量の膨張は日々進行し，グローバル化のスピードは留まるところがない状況に陥っている．

しかしながら2019年に武漢で発生した新型コロナウイルスによって，人間の往き来が大きな不幸の種をまき散らす結果となっている．そして今までの価値観の大幅な見直しが求められるであろう．その中で変わらないものと，流行のように変わるものが必ず存在している．この変わらない本質を求めるのも，我々の人生において大きな探求方法なのではなかろうかと思っている．

一方，筆者が住んでいるスイスの一小都市ルツェルンでは，来訪者の中に日本人は極めて少なく，欧米人以外では，中国人・インド人が圧倒的となっている．日本人はベスト10の中にも数えられていないマイナーな存在となっており，寂しい限りである．

この変化の激しい時代に，経営者として，まずは創業者 祖父 中尾清から，西洋技術・東洋思想のバックボーンを教えられ，また，父 中尾敏男からは，外国人との接点を知らされた．このように子供の時代から，多くの日本の皆様と異なる環境下で，ファミリーの一員として育ってきた．この先達の二人には，海外で生き残らなければ，日本は島国に閉じ込められてしまうとの強い認識があった．

次に筆者が現場に立った時代は，〝Japan as No.1〟[*2]と高く評価され，日本的経営・日本企業が海外から羨望の眼差しで見られていた．正に実力＋αの評価で，日本人の見識を“一応は聞いてみよう”との反応で，現在の環境とは大きく異なっていた．このように＋αの時代と，現在のような逆評価の時代のギャップ認識が今日の一つのポイントである．

また，世界的な経営コンサルタントの Simon Kucher 氏[*3]との出会いは，大きなインパクトであった．氏に価格戦略の重要性，Hidden Champion の存在と重要性を教えられ，日本企業の輸出の少なさ，それも中堅企業の活動不足を知らされた．これは最近の David Atekins 氏[*4]の考え方にも通じるところがある．官製では

[*1] 経営管理手法の一種で，総合的品質管理と言われている．顧客の満足する品質を備えた品物やサービスを適時に適切な価格で供給できるように，企業の全組織を効果的・効率的に運営し，企業目的の達成に貢献する体系的活動．

[*2] 社会学者エズラ・ヴォーゲルが1979年の著書の中で，戦後の日本経済の高度成長の要因を分析し，日本的経営を高く評価し日本から何を学ぶべきか，また学ぶべきでないかを示唆した．

ない民主導の中堅企業のエネルギーを，増大させることが大きな鍵と感じている．

人生 65 歳にしての決断と，スイスに異動して丸 7 年，日本での役職を離れ，会社自体の 100 年史の取りまとめをお手伝いする立場となって，今までの自分の歩みを整理しつつ，飯塚悦功先生（東京大学名誉教授）からいただいた宿題への一つの答えとして本書の執筆を進めた．

2020 年 9 月

中尾　眞

---

*3 サイモン・クチャーアンドパートナーズの創業者．ドイツ・ボンを本拠地とする経営コンサルティング会社で 1985 年設立．25 か国 39 のオフィスと 1 400 名の従業員を持つ．

*4 イギリス出身で日本在住の経営者．小西美術工藝社社長．金融アナリストの経歴を持つ日本の観光・文化財活用・経済政策の専門家．

目　　次

第5章 GC五つのステップ——要点とハイライト

第6章 五つのステップから学んだボトルネック

第7章 真のグローバル，そしてさらなるビジョナリーカンパニーを目指して ……… 167

第1章　我々ジーシーとは

1.1　個性的な中堅企業

(1)　〝己の道を歩む〟

企業が日本には400万社が，そして世界では1.4億社，その数は増加が続いていると言われている．その中で一つとして同じ会社は存在していないが，当社創業者たちの〝思い〟を正に具体化し，それらを時代の変化の中でも守りつつ，新たな時代への取り組みを進めている．

当社は3人の東京帝国大学で応用化学を学んだ学生時代の夢，“起業家として世の中のお役に立つ事業を”との正にアントレプレ

水野　徳右衛門

中尾　清

圓城　芳之助

図1.1　3人の創業者

ナーとしてスタートしている．しかしながら事業についての具体的な像もなく，時代の流れであるロシア革命，強大な財閥体制，第一次世界大戦と世界恐慌の影響等激動の社会と，トルストイや漱石文学等の思想からの影響も相俟って，次の三つのテーマのもとに事業化候補の絞り込みを進めた．

① 国民のお役に立つこと

② 自分たちの保有する技術（応用化学）を活用すること

③ 本来需要が少なく，高付加価値であり，かつ大規模投資が必要ない事業であること（これは貧乏学生であるがため）

業種選定の条件は出たものの，さて何をつくるかはすぐには結論が出なかった．そこで“新しく事業を興すのだから，いっそのことまだ国産化されていない業種を考えよう”ということになり，当時まだ日本にはなかった，〝マヨネーズ〟〝自動車のスパークプラグ〟〝歯科材料〟の三つがあげられた．

会社発足に際しては，出資者は創業者とそこに集う〝なかま〟（当社では社員を〝なかま〟と表現している．）として，企業の力の源泉は創立時から〝なかま〟としている．時代の背景と創業者たちの理念を反映して，資本力に頼ることなく．自分たちの理想とする会社を，資金を出資した者と，労働を提供する者は正に同等であると明確に説明し，〝なかまによる資本主義・なかまの会社形態〟にチャレンジしている．

しかしながら1922年2月11日に発表した新製品は見事に失敗し，会社倒産の危機に瀕したものの，幸いなことに新たな製造方法を見い出し，1924年には販売開始に成功している．

なお，最初の製品を発表して失敗した日である2月11日を，〝なかま〟が忘れることがないようにとして，この〝失敗記念〟の2月11日を以来〝創業記念日〟として，現在でも毎年記念式典を挙行している．

この〝失敗〟を前面に出し，〝なかま〟で共有する発想には，欧米人が当社に来られて最初に驚く事実である．“我々は失敗から学び，常にその教訓を生かす”として，現在でも恥ずかしながら最近の失敗事例をショーケースの中に展示をしている．

当社らしさは，社員を〝なかま〟，世界では〝Associates〟と呼称し，人として平等――お互いの長所を認め，育む場としての職場．そしてなかま一人ひとりは，自ら実現すべきVision・Missionを抱き，その実現を職場で目指し，その総和がCorporate Visionの実現に結びつくと考え，Vision経営を世界で実現している．

会社概要

株式会社 ジーシー
- 設　　立：1921年2月11日
- 売 上 高：1 156億円(連結) 2019年度
- 従業員数：3 359名(連結) 2020年4月現在
- 代 表 者：代表取締役社長　中尾 潔貴
- 事業内容：歯科材料及び関連機械器具の製造販売
- 所 在 地：東京都文京区本郷3-2-14

歯科医療は，患者自身の自覚と行動力が口腔環境に大きく影響し，ひいては全身健康に影響する〝生きる力を支える医療〟である．この世界市民の口腔保健に関わる分野で，我々は〝なかまと創業家の会社〟を前面に，“我々は投資家のために働くのではなく，人々の健康長寿社会実現のためのお手伝いをすべく働いている”と声高らかに主張している．

(2) 熟語の大切さ

(a) 施無畏[*1]

GCグループの行動の原点となる社是として，我々は〝施無畏(せむい)〟を全員で日々育んでいる．

最初の製品開発における手厳しい失敗の原因を，創業者たちが振り返り，厳しい体験の中から生み出された考え方が，この三文字の中に凝縮されている．彼らは，“失敗の原因は私たちがまだ30歳そこそこの若さで，歯科材料の特性を十分に承知していないのに，生意気にも歯科材料ぐらいなんだと甘く見ていたことと，何でも理論的に片付くものだという思い上がりがあったからだ．〝生兵法は大怪我のもと〟という．科学的な理論はもちろん大事であるが，理論の上に謙虚に需要家の要望を取り入れ，需要家の身になってつくることが大切であることを知らなかったためである．”と反省している．

この厳しい体験は，自戒の念を込めて，まずは研究者のスタンスについて，“自身の研究プロジェクトでは，その方向性を見失ってしまう傾向にある．見失う時間が長ければ長いほど，その目標から

---

*1 法華経の観世音菩薩普門品第二十五の中にあり，いわゆる観音経の中心思想をなすもので，広義には〝個我を離れての無我〟〝純客観〟〝慈悲〟〝大智〟などで表現される．すなわち社内にあっては〝個我を離れて，お互い敬愛する‘なかま’の集団〟，社外に対しては相手の立場に立って，全てを行うということである．

は遠ざかり，その迷路から脱出することが困難になる．道に迷ったら，純粋に主観的な思考が迷路から抜け出す唯一の方法である．純粋に主観的な思考とは，第三者の視点から考えることである．第三者の視点とは，自身の利益のためでなく，他の人の利益のためを考えている場合にのみ，働かすことが可能となる．”と詳しく説明している．

しかしながら企業は成長とともに複雑化が進み，全機能で〝施無畏〟の教えの実践が求められている．そこで“心の平穏を保つことは，なかまとして不可欠なスキルである．物理的欲望から離れ，オープンマインドであることは，寺院や教会等の厳粛な環境の中で

図 1.2　GCA 玄関〝施無畏〟と夢違観音像

到達する心の平和な状態である．その考えが，のちに夢違観音を安置することにつながる．”と述べ，“自己を空しくして己に執着することがなくなれば，何も恐れることはない”として無畏の境地について述べ，法隆寺夢違観音を模した像を各グループ企業に安置している．

世の中で〝施無畏者〟を観音様と表現されているように，〝施無畏の実践〟を常に忘れることがないようにと，なかまの日々の活動を見守っている．我々の社是は世界のなかまに容易に受け入れられ，〝Semui〟として身に着け，真の実践者となるべく各現業で日々励んでいる．

(b)　不易流行

俳人松尾芭蕉が俳諧の本質を捉えるための理念として体得した不変の真理だとして，その精神は禅の心に通ずるとも言われている．〝不易〟は永遠に変わらないもの，つまり〝不変の真理〟．〝流行〟は時代とともに変化するもの．社会や環境でどんどん変わること．相反するように思える二つの言葉だが，実は共に根差す根源は同じで〝流行〟の中で〝不易〟は生み出され，その狭間でものごとは成長すると言われている．つまり本質的なことを守る中で，新しく変化を重ねているものを取り入れていく．〝不易〟を基礎にして，広く〝流行〟を見返し，新たな知恵や力を獲得しようというもの．この考え方を業務遂行上の主柱と捉え，多くの経営判断・業務判断に生かしている．

(c)　温故知新

三代目社長敏男が愛用した熟語で，最初の社史60年史の〝序にかえて″で，“この60年間の歴史を単なる感傷として回顧するのではなく，将来の発展の原動力とする”と表現し，“未来のための新しいアイデアや方法を学びたい者は，過去を振り返る必要がある”としている．過去の数々の失敗から学ぶ，まだ不足していることを知ること，過去に手がけたことはそこに多くのエッセンスが遺されているとのメッセージ．人類はホモサピエンスの時代から，数々の挑戦と失敗を積み重ね，そのDNAが今の我々を生み出している．

(d) 一燈照隅 万燈照隅

この四文字熟語は仏教用語として理解されている方が多いと思うが，筆者は次のようにストレートな解釈をして活用している．“最初に自分が一つの燈（灯）を掲げて一隅を照らす．こうして誠心誠意の歩みを続けると，いつか必ず共鳴する人が現れてくる．一燈は二燈となり三燈となり，いつか万燈となって国を照らすようになる．そのためにはまず自分から始めなければならない．”

我々は歯科医療分野のお手伝いをするという，世界中のあらゆる事業の中で，非常に小さい分野のみを担っている．しかしながら今日ではOral Health（口腔保健）が，全身の健康に深く関わっているとのエビデンスが増加し，Oral Healthの重要性は極めて高まっている．それゆえ歯科という分野の一翼を担い，その中で器材の開発・生産を進めることは，地球市民の皆さんにとっても，極めて有用な事業であると認識し，歯科分野で，また各地域地域で，片隅の燈，すなわち一燈をしっかり燈すことをなかま全員で努力し，一燈照隅をまずは我々が実現し，他の皆さんにも各人の分野でベストを尽くしていただき，一燈一燈を増やしていけば，暗い世の中に次第次第に燈が増え，遂には万燈が照らされ，この闇の世の中も少しは明るくできるとの考え方を実践している．

(3) 企業を特徴づける基本要素

〝人・物・金〞が企業構成の要素との理解があるが，企業を大きく特徴づける要素について，筆者は〝人・しくみ，風土（文化）〞を取り上げている．この三要素が世界の各企業を全く異なるものとすると同時に，単に人様の〝しくみ〞を導入しても，そのオリジナルほどの効果を発揮しないケースが散見される．それは善し悪しは別として，各企業の〝独自の風土〞の存在である．企業には創業以来培われてきた〝おしえ・しきたり〞が必ず存在している．そこに更に人が介在することとなり，より複雑に作用している．この〝企業風土〞を十二分に発揮させることが企業としての特徴を強く前面に打ち出し，〝～らしさ〞を表現することができると確信している．

また，〝しくみ〞も当然各企業に業務遂行上必ず存在している．この善し悪しが業務成果を左右することとなるが，〝しくみ〞こそが業務改善の原点とし，常に自分たちの〝しくみ〞の改善を続けることが，企業発展の礎になるものと確信している．

この改善活動こそが，次項（4）で説明する〝企業活性化運動〞の原動力であり，全事業所，部門でKI活動[*2]（改善・革新活動）

[*2] Kaizen Innovation 活動と名付けた，仕事の質の向上実現に向けた継続的な改善活動である．社是の中にある〝お互い敬愛する‘なかま’集団〞とKIをかけている．

として実践されている．年間で約2 085件（2019年度）のテーマ解決を記録している．この改善活動によってつくり出されたしくみを，次なるベースとして，弛まぬ改善に挑戦するのが，我々の活動のベースとなっている．

また〝風土（文化）〟を作り上げるのは，そこに集うなかま一人ひとりの行動・発信により，大きく影響されることとなる．それゆえ我々は社内外の〝場〟づくりと，〝情報の共有化〟に常に心がけている．

〝場〟づくりについては，各職場環境を〝コミュニケーションループ〟をコンセプトとして，新しいアイデアはコミュニケーション・会話から生まれるとして，人の接点・視点を高めるため，建物のデザインに工夫を重ねている．

また，なかまとしての〝情報共有化〟がコミュニケーションの源泉となるが，情報提供を促進するために，Webpage・朝礼・昼礼・タウンホールミーティング・職場懇談会を数多く開催している．と同時に社内誌『なかまNews』を隔月刊行している．

更に価値観・考え方を共有する意味で，『ジーシーのこころ』を日・英・中の3か国で出版し，入社時並びにイベント前の教育プログラムに入れ，ことあるごとにGC文化に触れる機会を設けている．

（4）　企業活性化運動

いかなる企業においても，常に企業を活性化させるための運動を継続的に実行することが鍵である．本来は全社的に，また継続的に行うことが望ましいが，当社の場合は全てを知り尽くしていた創業者を失い，“これからはなかま一人ひとりが勉強し，それらを活かして行く場としなければならない”という敏男の決意から研修会活動がスタートしている．

最初は社内業務合理化運動としてスタートし，大学教授を招聘しての勉強会から，次第に工場単位での研究会企画等に進化し，日ごろの研究成果を発表する場を設ける等，社内のベクトルが〝企業体質の強化〟へと向かい始めた．その上で1970年代に一世を風靡したTQC[*3]活動を1981年に導入し，その活動をその後GQM［GC's Quality Management System（1996年よりGQMと呼称）］として40年間近く継続している．

この間，経営環境の変化，世代交代等により活動に温度差は生じたものの，特にトップ層による継続の意思が鍵と考えている．当社ではトップ層の考え方の取りまとめと，第三者評価の活用による，ベンチマーキング水準の維持（デミング賞）[*4]を狙いとして，時代の要請に合わせ，20世紀の終幕時点でデミング賞に挑戦している．賞の獲得による実績の裏付けとしてのグループ会社へのGQMの輪の拡大（日本品質管理賞・デミング大賞[*5]），更には社外への輪

[*3] 全社的品質管理．品質管理を効果的に実施するためには，市場の調査，研究開発，製品の企画，設計，生産準備，購買，製造，検査，販売及びアフターサービス並びに財務，人事，教育など企業活動の全段階にわたり，全員参加の経営で進めていく活動．

[*4] 日本工業界の品質管理の発展に貢献したアメリカのW・E・デミング博士の功績を記念して，日本科学技術連盟が設定した賞．品質管理の理論や普及，実践に成果をあげた個人，企業に贈るもので現在まで延べ257の組織（うち海外59組織）が受賞している．

の拡大による Vision 経営の考え方の普及と，企業の品質経営度調査[*6]（2018 年度は日本全国で第 2 位）への挑戦等，持続的な活動に結びつく企画に挑戦している．

この挑戦活動は，第三者によるアドバイスを得るチャンスでもあり，2000 年のデミング賞挑戦では，“GC のエンドユーザーは？”との問いから，我々の視点を地球市民へと拡大している．また，2004 年の日本品質管理賞受賞時には，“GQM 活動をグループ外に

GQCの基本理念
1 常に科学的思考に基く合理主義に徹し世界に冠たる香料企業をめざす
2 常に敬愛に満ち明るく活力にあふれたなかま集団を形成する
3 常により良き製品を開発生産して内外の顧客に適正な価格で供給し社会に貢献する
GQC推進委員長 中尾敏男

図 1.3　GQC 基本理念

[*5] デミング賞を受賞した組織のうち受賞後 3 年以上にわたり TQM を継続し，その水準が向上，発展していると認められた組織に与えられる品質管理における最高権威の賞である．1970 年より現在まで 31 社が受賞している（うち海外 11 社）．

[*6] 2004 年から日本科学連盟と日経新聞社が共同で始めた調査で，企業における品質経営の推進状況をアンケート調査している．主に製造業，建設，IT サービス企業など約 700 社を対象にして，得た調査票データをもとにランキングする．

も拡大されては”とのアドバイスをもとに，GCのVision経営の考え方を歯科界における〝歯学医療機器産業Vision〟形成へと結びつけ，〝Visionなきところ　明日はない〟として臨学産連携強化の旗の下，低迷状態からの脱却を歯科界全体で図る原動力となっている．

またグループへの拡大については，国内グループ企業及び中国・アメリカのデミング賞獲得，欧州におけるEFQM最高位の獲得，そしてアジアにおけるデミング賞への挑戦等，次々と挑戦は続いている．正に継続こそ力なりである．

企業での活性化運動の必要性は自明の理ではあるが，実際のところ導入に際して，賛成派・反対派・又は懐疑派に分かれるのが通常である．そこでの成功の鍵，更には成果へと結びつけることができるかのポイントは，“まずはやってみようではないか……”と余裕を持って発言する人の存在であり，良識人を中核に据える大切さである．世の中往々にして同種の人材を好む傾向があるものの，正に多様性のある組織を実現することも肝要である．

再度申し上げれば，企業活性化活動はどの企業にも必須であり，各企業に則したテーマ解決に結びつく活動を選択することと，継続性，そしてトップ層の参加が絶対に成功の条件であると重ねて記しておきたい．

(5)　輸出こそ中小企業の生きる道

当社の創業者たちは会社の立上げ期から次第に拡大期に移行するに伴い，1935年には輸出業務を立ち上げている．このときに二つの重要な課題の一つとして輸出を〝100年の大計〞として取り上げた．これは当時の金輸出禁止により，Made in Japan製品が世界市場に躍進したときで，“日本の中小企業は輸出によって発展する以外に事業拡大の道はない”との覚悟によるものであったが，第二次世界大戦への突入，そして戦後の廃墟からの復興と，約15年間の空白期間を必要としている．しかしながら，我々が輸出開始時期に考えた〝中小企業発展の過程としての重要性〞と，〝100年の大計〞の考え方は，今日の日本が置かれている状況から考えるに，正に的を射ていたと言える．

歯科医療も欧米を中心とする西洋医療がその原点であり，それらをベースに器材メーカーが成長・発展を遂げてきている．と同時に規格類の整備が進み，最低限の品質は保証された商品が医療機器として医療機関に届く体制が整えられている．そこで創業者たちが目指したことは，欧米における規格を最低限として，これをはるかに凌駕する商品を生み出すという挑戦目標であった．このVisionが戦後の混乱期からの脱却，及び近代企業としての成り立ちに大きく貢献している．

当社の場合は，第二次世界大戦からの復興期に，アメリカ歯科医師会使節団の一人である全米歯科材料規格委員長から，懇切丁寧な指導を受けることができたことが大きな飛躍のベースとなった．“委員長への御礼は立派な製品を産み出すこと”として日本人として一丸となったことは当然であるが，それから70年間が経過した今も，この関係者の皆さんとの御縁を大切にし，お付き合いを続けている．これは世界といえども（歯科界という）狭い世界の中で，常に感謝の気持ちでご一緒させていただくことが，歴史と常識ある企業として，正しく評価されるために必要であり，このような日本的な風土も，日本企業として忘れることはできない大切な財産である．

そして企業としての一つの節目となる創業50周年（1971年）に，新市場挑戦宣言を行った．これは日本経済が低成長時代に入ることへの対処策として打ち出されているが，戦後の経済復興における高度成長からの反転への準備として，このときから振り子が逆方向に動くことを考えての施策，正に〝100年の大計〟としての策と評することができる．第4章で述べる5段階世界展開の段階2がスタートしている．

1.2 常に経営者としてアピールしていること

一般的に企業はトップに影響され，トップの〝考え方〟，そして〝器の大きさ〟はトップの器量次第と言われている．それゆえトップに立つ者はまず自分の性格・行動癖を知り，その影響が及ぼすことを想定しておくことが必要である．その上で自分の信念を常に周囲に標榜することである．

また，自分がリーダーシップを発揮する企業が100億，1 000億，1兆円企業となるかは，正にリーダーの器の大きさによって自ずと決まってくると言われている．したがって，自分自身の器を常に他の経営者と比較し，劣っている点を強化するのか，強力な点をより強くするのかを定めることが必要である．

それゆえ，まず本書の執筆者である私自身の性格・行動癖を正直にお話ししておきたい．

筆者は血液型Ｂ型で，妻のみＡ型，他の家族４人（娘，婿，２人の孫）もＢ型というワガママファミリー．気が小さいものの楽天家，どちらかというと人好きのする性格，しかしながらカラオケ等のエンターテイメント性もなく，ゴルフ・読書が中心の個人プレー型．生まれながらにして後継者として育てられた〝ボンボン〟である．自分が尊敬するメンターは，自分の母校・早大の恩師 村松林太郎先生，経営者としてのアドバイスをいただいたアベグレン先生，そして私を育ててくれた創業者であり祖父である中尾清である．

さて，筆者が一般論として捉えている我々日本人の傾向は下記のごとくであり，これらの話を常に繰り返し，事あるごとに話している．筆者は，人は同じことを少なくとも６回は耳にしないと理解しないと考えている．それゆえ，人にはあきらめずに繰り返し話すことが必要である．

(1)　一般論として

(a)　振り子の法則

不安定な状態こそが常態と言われる昨今であるが，我々人間は心地の良い状態は続くものと思いがちであり（茹で蛙現象），また不安な状態に陥ると，もう抜け出せないと思い込んで，更に沈み込んでしまうことがある．しかしながら景気の良さ・悪さが継続することはなく，逆方向に動くことが常である．それらはそこに存在する人間たちの〝欲掻き〟によるものである．良いことが続けば，より良いことを，より多くの儲けをとの傾向が続くと信じて継続して行く．泥沼化している状況では一早く脱出しようともがくのが常である．それゆえ我々は必ず反転するときが来るとして模索し，これらの継続的な行動が，事態を反対の方向へと導くと考えている．万一に備えて何か悪いことが起きたときのための準備をし，悪いことが続けば，必ずチャンスは来るとして前向きな行動をとる等，常に行く手にしなやかな発想を持って準備を進めていくことが必要である．

(b)　人間は安定志向

人間は信じたいものだけを信じ，見たいものだけを見る，そうではないものを無視する等の思考行動特性を持っている．更に親しい相手を讃えて，面倒に思う相手を避け，好きな分野にこだわり，不得意な分野を遠ざけるといった停滞行動を取り，次第に振幅の狭い世界に安住しようとする．この〝思考の停滞〟こそが変化に対応する力を弱め，改革する勇気を萎えさせ，“働いても報われない”との状態へと陥っていく．

“現状維持をすればよい”との考え方は，単なる自己満足である．人間は常に“より良く，より前向きに”との本能に動かされている．この本能を上手く動かすのが経営者の役割であるとも考えている．

これを打破するためには，自らに高い目標を設定し，この実現のために，自ら進んでアクションを取ることである．このためには，5年・年・月・週・日々各々の計画とその達成度，具体的な対策等を考え，着実に実行していくことである．これらの行動が自己を変化させていくことにつながり，この変化を確認することが成長につながって行く．〝安定は退歩〟であると覚悟すべきである．

(c)　常に Proactive であれ

人間の思考回路及び行動パターンは，心の持ちようによって大きく変わる．常にものごとをポジティブに捉え，可能性を確信して積極的な行動に出ることである．“難しそうだ”“できそうにない”とネガティブモードに入っては，新たな発想・行動は生まれない．Pro は〝前へ前へ〟，Active は〝活気〟である．正に前向きに活力をもって何事にも取り組もう．

(d)　Vision を描き，実現していこう

人間が動物界と異なった種となったのは，自分の夢を描き，その実現のために，努力を積み重ねてきたからである．この努力の積み重ねこそが，夢を実現する近道であり，夢を描かなければ，そこには何も実現するものはない．

そこで，家庭人として，社会人として，また企業人として，自分が実現したい夢を Vision として描くことが，人生を歩む原点になると考えている．そしてこの夢の実現の日々の努力が，正夢を引きつけ，物事達成の美酒へと結びつけてくれる．その歩みが自分史を築き上げることとなる．正に“Vision なきところ，明日はない”である．

(e)　継続は力なり

〝新規〟のアイデアを探し，それらを成功に結びつけることは素晴らしいサクセスストーリーである．しかしながら，これは極めて

秀でたケースであると考えられる．我々多くの通常の人間には，それなりの成功の道を提示する必要があり，その要旨は〝継続は力なり〟である．失敗してもその原因を探り，再発防止を心がけつつ，同じ誤りを繰り返さないことで，確実に成功への可能性は高まる．その上で成功するまでの繰り返しが鍵となる．このように自分が決意したことを愚直にやり遂げることが，一つの成果を生み出し，その積み重ねが大きな力を生み出すとして，多くの人々へのメッセージとして発信している．

(f)　変化こそビジネスチャンス

世の中に常に変化を重ね，この変化の中からビジネスチャンスが生まれると考えている．この変化のエネルギーこそが，新しいことを組み込む力を生み出している．逆に“平穏さ”のときには，自分自身が大きなエネルギーを費やさなくてはならないと考えている．それゆえ，変化のときこそ積極的にこの波に乗ることが肝要である．また自らも変化を起こす気概でものごとに取り組むことが必要である．

(g)　人は話を聞いてくれないもの

自分たちのなかまであっても，話を聞いてくれるのはよくても６人中１人であると考えるべきである．更に理解してくれる人は半分以下と覚悟しなければならない．それゆえ，相手に伝えたいときは少なくとも６回は同じことを繰り返さなければならない．その上で更に相手に理解・行動してもらうためには，表現を多少変えて，より具体性を持たせてお話しし，相手から再度説明をしてもらうように，意図してしかけなければならない．自分の想いを相手に実行してもらうためには，非常にエネルギーが必要であると考えなければならない．

(2)　ジーシーの〝なかま〟へのメッセージとして

(a)　お客様の立場になって考え，行動する

正に当社の社是の実践を図ることであり，〝施無畏の実践者〟を常に要望している．しかしながら現実的に起きることは“お客様の立場になって”ではなく，“お客様のために”と，あくまでも自分の立ち位置から，お客様のお役立ちを考えるという姿勢が常である．この場合は，常にまずは自らの立場から考えることになり，純粋な意味でお客様のことを考える姿勢ではなく，安易な自己防衛型となり，お客様が真に求めておられることを把握できないことが多々見られる．言葉遊びではなく，真にお客様の立場に自分の身を立たせなくてはならない．この〝立場に立つ〟と，美しい言葉である〝～のために〟は大きな違いがある．

この意味で，企業内では，次工程に入り，その困り具合を自分自身で知ることが重要となる．

(b)　敬愛するなかま

会社は人間集団によって運営されている．ややもすると我々人間関係で最も容易に見受けられることは，相手の悪さを並べて，少しでも優位に立とうという，人間の性が出るのが常日頃である．しかし〝敬愛するなかま〟とは，接する相手の良いところ，優れたところ，好きなところを捉え，ここにのみ注目し，嫌なところは無視していくことである．

社内では常に相手の長所を認め合うことであり，短所については触れず，優れている点をまずは探し出し，言葉に出すことが肝要となる．

(c)　チームプレーヤーであれ

特に学校生活から入社する方々にお話しする内容となるが，学生時代は単独プレーヤーとして，自分の考えやペースで試合を進めてよかった訳である．しかしながら複数・組織で戦いを進める企業活動となると，常にチームとしての自分のポジションを意識し，試合の進行状況を常に判断しつつ，ポジションに求められる行動を取ることが必要である．もちろんこのときには試合・チームとしてのルールを熟知することも求められている．

(d)　仕事に誇りを持とう

我々一人ひとりの仕事が，世の中でどのように役に立っているのかを常に意識し，この意識の下に行動することが，日々の業務対応の質を高めつつ，充実感を得ることができる．

幸いなことに我々の場合は，国民一人ひとりの“口腔保健の向上が，健康長寿社会の確立に深く関わる”とのエビデンスの増加から，全職場での行動が，地球市民一人ひとりのQOL（Quality of Life）の向上に直接結びついている，と理解しやすい環境にある．この意味で我々はエンドユーザーを地球市民と位置づけている．しかしながら上記の声かけを，常に繰り返すことが重要である．往々にして，我々のカスタマーである歯科医療従事者の満足度向上に専念することに集中する傾向が見られる．もちろん，真のエンドユーザーを忘れることなく，エビデンスづくりに，真剣に協力を続けることも重要である．

(e) 常に No.1 主義であれ

夢を描くときは，より具体的に，そして高い目標を設定することにより，生み出されるプロセス・また考え方も大きく異なってくる．それゆえ小さな単位ででも世界一を実現することを狙うべきであるとアドバイスしている．我々一人ひとりが小さな単位であっても，世界一になれば，その集合体である会社も，世界一へと一歩ずつ近づくことができると確信している．

世の中は常に変化する存在であり，この変化があるからこそ我々にはチャンスがあると解釈し，常に高い目標を掲げて，この実現に努力を重ねることが，正に個人の，家族の，そして企業の夢の実現につながると確信している．常に〝変化のときこそビジネスチャンス″と見ている．

このように経営者の立場として上記の言葉を繰り返し語ること，行動して見せることを自分の仕事としている．その上で我々が常に考えなければならないことは，社員の健康増進への動機づけと，勉強を続けることの大切さを訴え続けることである．

第2章　事業概要──ジーシーという会社

この章では，国内事業を中心とした創業時から，現在までの主だった活動を記し，海外での事業については，第4章と第5章で述べる．

2.1　創業期（1921～1950年）

(1)　第1号製品 スタンダードセメント：失敗記念日（1922年）

1921年，3名の創業者は，池袋に小さなバラック建ての研究所を設けた．これがヂーシー[*1]の始まりである．今からみれば研究所と言えないような零細な規模であったが，彼らからすれば十分すぎる自分たちの城だったのである．

最初の製品であるスタンダードセメントの失敗から3年，当社ではこの2月11日の失敗記念日を創業記念日とし，毎年全管理者及び関係者が集まって自戒の日としている．

[*1] 社名の変遷
1921年　ヂーシー化学研究所
1941年　株式会社 而至化学研究所
1946年　而至化学工業株式会社
1973年　而至歯科工業株式会社
1991年　株式会社 ジーシー

本格的セメントの製品化に成功するまでの長きにわたる苦労は図りしれない．“もし，最後の実験に失敗したら潔く解散しようと創業者たちは覚悟し，これが最後の試験と思い定めて実験に取りかかったのである．中尾らは，期待と不安のうちに結果を待ったのであるが，以外にこの理論上では不可とされた方法が功を奏して初めてセメントらしいセメントができた．”

この成功から“困難な立場に臨んだとき，それに打ち克つべく，真正面から取り組んでいくことはもちろん大切であるが，ときには暫く渦中から一歩退いて事態を客観することが大切である．”と難局に当たっては，一度は自分から離れて見直す重要性を見い出している．またこのときの挑戦意欲と挫折の繰り返し，そして最後には素晴らしい成果への経験は，当社のネバーギブアップ精神へと結びついている．

図 2.1　池袋の社屋

(2)　新しい販売ルート

新しい製品であるクリスタリンセメントは販売店の間でも注目され，その品質面において外国の最高級品に拮抗する製品として評価を固めていった．

一方，積極的な宣伝活動があったことも見逃せない．

キャッチフレーズにしても，昭和初期から使用している〝ヂーシーの標準的歯科材料研究的製品・合理的価格〟で押し通しており，決して派手な宣伝ではないが，研究者としての〝歯科業界の中の標準〟となる製品であり，外国製品を凌駕するという強い信念と決意が表れた表現であった．これらの雑誌広告と並行して，学会・集会等での学術講演，製品展示のデモンストレーションを盛んに行っている．

クリスタリンセメントの発表から2年，その知名度は次第に学会・臨床家の口コミによって業界まで幅広く広がっていった．折からの不況と，そして販売競争の激化の中，目新しさを求めて幾つもの歯科商店が着目したとしても不思議ではなかった．

研究所の呼びかけに応じてヂーシー製品を取り扱う有力商店が次々と現れた．

ここに初めてヂーシーにとって待望久しかった販路が拓かれたのである．メーカーにとって，研究・製造と販売は車の両輪であり，どちらが欠けても企業としては成り立たない．

全国的な販売体制を築きつつあったこの時期，政府は昭和恐慌からの脱出策として〝国産品愛用運動〟に続いて〝金輸出再禁止〟を断行した．これは日本の産業界に一転機を画した重大な経済政策であったが，ヂーシーにとってはこれが幸いし，売れ行きに拍車がかかった．

国産品愛用は国民的な運動となり，〝国産品初の歯科材料の製造〃を目指してきた当社にとって大きな追い風となっていくのである．

(3)　特約店制の発足（1946年）

戦後の販売組織は戦時の混乱，統制によって壊滅していた．

営業部の活動も休眠状態を続けていた．文字どおりゼロからの挑戦であったが，戦後の新情勢に即した新しい販売機構の構想が生まれ育っていた．

有力卸商を代理店として，小売店と特別契約を結ぶ特約店制度がそれである．

卸・小売り・メーカーの三者が相互に協力し合って，需要家に優良品を適時適正に供給する，そして共存共栄の実をあげるというのが，この制度の趣旨である．戦前と違い，小売店を交えての特約契約というところに，この制度の新しさがあった．同時に，これは当時の卸店の凋落ぶりを如実に示すものであった．事実，統制によって，営業休止状態を続けていた卸店は，敗戦を迎えてからは，インフレの嵐をまともに受けて資金力は枯渇し，昔日の威光は失われていた．これに反して，物不足とインフレの高進する中では，生産者の立場は強く，終戦を境にして，商工の立場は逆転していた．

有力商店に対し，統制解除前の9月には総会を開き，新しい特約店制度の販売機構を審議し了承され，スタートを切るのである．

(4)　社内業務委員会の設立から労働組合の結成へ（1955年）

終戦を迎え，焼失を免れた当社の工場では，細々ながらも戦後の生産が始まった．しかしながら日本全体，どこの産業も，どこの工場も原材料は少なく，戦後のインフレの中で原材料価格を始め諸経費は高騰する一方で，経営は苦しく，生産するごとに，そのまま欠損につながるという状況であった．ときには社員の給料を支払うのに四苦八苦するあり様であったという．

戦後の1946年は，古い日本から新生日本に移り変わるための〝制度改革〟がスタートした年でもあった．GHQから発せられていた民生化指命が次々に具体化され，その中の経済民生化の3大支柱の中で，最初に着手されたのが労働の民生化である．〝労働組合法〟が公布され，この日を境にして我国の労資関係は新たな段階に入った．

当社としても〝労組法〟に準じて，何らかの対応策を打ち出す必要に迫られた．そして労働組合に代わる〝社内業務委員会〟の構想を得た．それを社員に諮ったところ，賛同を得，早々の設立となったのである．

しかし，当社の場合は，一般労働界の動きとは無縁で，労資間に紛争らしいものは一度も起こしていない．それもそのはずで，創業以来一貫しての清社長の思想＝人道主義的社会主義というような面から考えても，紛争の起こり得るはずがないのである．

1955年の労働組合結成時こそ，労使の多少の意見の相違はあったものの，その後の経過は，共に満足すべきものであった．経営者は社員を愛し，社員と経営者は労使の垣を越えて一体となり，〝なかま″の結びつきは更に強固になっていった．労働組合の結成は，而至（当時の社名）の更に大いなる発展のための一里塚であったとともに，今日では逆に創業当時の原点に回帰している．

2.2 成長期（1951～1980年）

(5) アメリカ歯科使節団の来社（1951年）

戦後の企業経営が少しずつ落ち着きを取り戻した1951年7月，アメリカ歯科使節団一行が来社した．この使節団を招聘したのは日本歯科医師会である．歯科医師会では，アメリカ歯科界の指導者に直接日本の現状を披歴し，教示を受けることができれば裨益するところが多大であろうということで，視察団の派遣方をGHQに要請したものであった．

アメリカ規格及び試験機について，直接指導を受ける機会に恵まれ，当時〝ブルーバンドシリーズ″と呼ばれた新製品群の研究は一

図2.2　アメリカ歯科使節団

挙に進んでいった．この〝ブルーバンドシリーズ〟とは〝青は藍より出でて藍より青し〟（荀子）からとっている．言うまでもなく藍草から採った青い染料は，もとの藍草より濃いという意味で弟子がその師より抜きんでることを言い，したがって而至製品の師であり，先輩でもあるアメリカ製品を抜きんでるという意欲をブルーで表現し，その名のとおり箱にブルーの帯封（バンド）をめぐらしたところから〝ブルーバンド〟となった．

これらの製品群は，アメリカ歯科材料規格を標準として研究されていたからである．

来日した使節団は歯科材料科学の世界的権威であるパッフェンバーガー博士を始めとする，アメリカ歯科界で最高の指導者と目されていた5名であった．中でもパッフェンバーガー博士は，当社の製品や試験機に着目して，多くの質問を寄せた．そして規格試験方法や試験機等について，博士から種々懇切な指導を受けたのである．

博士の好意は，ひとり而至のみならず，日本の歯科材料の進歩向上につながればという心から出たことは言うまでもないが，当社の受けた恩恵はひと際大きいものであった．アメリカ使節団の来日は，而至にとって画期的な影響を与えたというべきものであろう．

(6)　友の会の創設（1956年）

この〝ブルーバンドシリーズ〟の研究員による全国紹介行脚から，需要家の皆様とのダイレクトなコミュニケーションの大切さ，それこそがメーカーの役割との認識が生まれていた．

而至友の会は1956年，創業35周年の節目に創設された．この友の会は“新時代の研究は需要家と共に行うべきものである”という創業者の持論から生まれた歯科業界初の試みである．この頃，需要家である歯科医は3万人に満たない人数であり，一般大衆製品に比べて極めて狭い業種である．

メーカーと需要家が密接なつながりを持つことも，方法次第では必ずしも難事ではない．

幸い，戦後からのこの10年間において多くの歯科大学及び臨床家に接触し，知己も得た．そこで而至友の会発足に当たり創立趣意書で以下のように明らかにしている．

“歯科医学の進歩は，歯科材料工業の発展を促し，逆にまた歯科材料工業の進歩は歯科医学の発達に寄与するという意味で，歯科医学と材料工業とは，いわゆる唇歯輔車の関係にある（あるいは車の両輪の如し）といわれています．

而至は，一般大衆向けの製品と同じような機構によってのみ製品を臨床家に供給している現状を何とか改善して，この限られた範囲で仕事をする臨床家と，製造者たる会社との関係を言葉ばかりでなく，実質的な関係において結びつける方法はないものかという問題に久しく取り組んでまいりましたが幸いにして戦後の新規研究も一応軌道に乗りましたので，而至友の会を組織することに致しました．”

この友の会は，有料の一種のクラブ組織とし，当初の年会費は2 000円であった．その結果，3 600名の申し込みがあり，外国にも例のない，歯科界初の友の会が創設されたのである．初年度は

3 600名の有料会員でスタートし，1977年には〝確かな情報を信頼で結ぶ〟をキャッチフレーズに，GC Information Centerが発足し，GC友の会活動の充実を図るとともに，活動の窓口を拡大している．

(7) 創業50周年（1971年）

1971年，当社は創業50周年を迎えた．池袋の一隅に15坪の小さな研究所を誕生させてから半世紀に及ぶ長い道のりを経て，業界屈指の大手企業に列し，社業は隆々の発展の一途をたどっていた．

図 2.3 創業50周年記念式典と清

壇上，中尾清会長は深甚なる謝辞のあと，大要次のような挨拶を述べている．

“創業者3人のうち，圓城，水野既に亡く，私一人が生き残ってご挨拶申し上げるのは，心残りであり，感慨を催す…….

当社の理念の第一は，働く者の会社で，出資者全て働くなかまである．第二に，科学的研究を基礎とした優良な製品をつくる．第三は，人間は相互依存によって生きる．いわゆる共存共栄の方針で販売することである．以上は，特に自慢する経営理念ではないが，ただこれを実行してきたことに意味があるかと思う．しかし，私の無能，無才のため，50年もかかってしまったということ．また，需要家の諸先生，代理店，特約店の方々から非常な援助をいただいて，而至は今日に至ったわけであり，その意味で私自身，実に幸せであったと痛感し，重ねて御礼申し上げる．現今，世の中は激動革新の渦中にあり，一瞬の油断もできない．これからは若い人たちが50年の伝統の上に立って，新しい考えのもとに努力してくれるであろう．それが今後の而至の行く道かと思う．その上で，我々日本はこれから低成長の時代に入って行くと思う．そのためには新しい市場に挑戦する必要がある．”

(8)　新市場への進出（1971年）

創業50周年を機に，これからの持続的成長のためには，新市場への進出が必要であるとの考えのもとに，海外市場とともに機械分野の可能性を検討し，実施するときがやってきた．

1973年，輸入機械の販売会社，而至歯科機械株式会社を発足させた．歯科材料一筋に進んできた当社にとって“国際化時代に鑑み，発想を新たにして海外の優秀な歯科機械類を輸入・供給し，日本歯科医療に寄与したい”という長年の願いを実現したのである．当初の取扱い製品は，シカゴのミッドウェストアメリカン社であり，世界的に定評のある高速回転ハンドピース〝クワイエットエアー〟を中心にスタートした．

その後，自社製品として初の〝エラン2000〟ユニットは長く市場に受け入れられた．

(9) 富士の見える森林工場（1976年）

業績の伸長に伴い生産量拡大とともに，1970年代に入ると都内工場設備規制など新たな条件規制を鑑み，新たな土地に新工場を建設することが検討された．

清の“富士とともに生涯をきれいに暮したい”という生活信条と併せて〝富士の見える工場〟という夢を実現すべくときが到来した．

新しい工場用地としては，

- 静岡県内で，間近に富士の見えること
- 周囲の自然環境に調和した無公害工場であること
- 一定の広大な土地であること

種々の条件の中から静岡県駿東郡小山町中日向に約14 000坪の工場用地視察を行った．また地元において住民との対話の会を開き，会社概要や当地を工場用地に選んだ趣旨などを説明し，理解を得られたのであった．かくして，1976年3月，富士を背景に広大な自然林の中に忽然と，明るいモダンな建物群が出現し，新工場が竣工し，それは富士小山工場と名づけられた．

山あり川ありの自然林の姿をそのまま残し，晴れた日は，その森林越しに見える富士の眺望が素晴らしく，その後も，この景観を守る努力を続けている．

その年の11月に新超硬石膏〝フジロック〞，翌年2月にグラスアイオノマー製品〝フジアイオノマー〞等，画期的な製品が新工場から誕生し世界商品としてその後のジーシーを牽引している．当時，既に本社工場のみでは，製品の需要増に追いつけない状態になっていたので富士小山工場の開設は，まことに時宜を得ていたのであった．

創業者として最後の一人になった清は，この工場の稼働を見守りつつ83年の生涯の幕を閉じた．

2.3　GQCの導入と組織図（1981～2000年）

（10）　GQC（GC's Quality Control）の導入（1981年）

創業60周年記念日の1981年2月11日の席上，敏男（社長）からGQC宣言が行われた．その骨子は以下のとおりである．

“昨今の社会・経済情勢は非常に厳しい状況下に置かれている．その中で而至が業界のリーダーとして，更に成長していくにはなかま一人ひとりの絶えざる自己啓発により，新製品を生み出す技術力，強い販売力等，時代に即応した強固な体質をつくり上げる素養が必要である．GQCはすなわち全社をあげての品質保証体制を整えることであり，外部に対しては，需要家に満足を与える品質保証であり，社内的には次工程に対する真のサービスなのである．GQCは学問ではない．形式に捉われず，互いが納得する本当の意味での話し合いが根本であり，

図 2.4　敏男の GQC 宣言

GQC にどれだけ真剣に取り組むかが，これからの而至の企業としての存続の可能性を支配するであろう．”

と，39 年経った現在でも，全く通用する声明となっている．また この日，GQC 導入のための基本理念も次のように掲げられた．

1. 常に科学的思考に基づく合理主義に徹し，世界に冠たる歯科企業をめざす．
2. 常に敬愛に満ち，明るく活力にあふれたなかま集団を形成する．
3. 常により良き製品を開発して，内外の顧客に適正な価格で提供し，社会に貢献する．

敏男が言うように，GQC は決して学問ではない．あくまでも，目的を持った集団が行動するときの，ものの考え方，取り組み方の基本姿勢である．

ところで GQC 導入の背景には，業界競争環境の変化が大きく影響している．いわゆる〝牧野ショック〟である．その大きなポイントは，三菱総合研究所会長・牧野昇氏が著したいわゆる〝牧野レポート〟つまり，高齢化時代の到来とともに，“入れ歯産業のほうが売上高でいったら自動車産業よりも大きな産業になる”――これを契機に多くの大企業が参入を開始，従来からの歴史ある専門企業は大きな危機感を持って迎えたのである．

(11)　突然の社長就任（1983年）

1983年8月の臨時株式総会で四代目の社長に選任された筆者（眞）は，その2か月前に父敏男から告げられた言葉を，今でもはっきりと思い出す．

“経営上の判断をするときの基準は次の二つで決めなさい”と．一つは“需要家のためになっているかどうか”そして，もう一つは“なかまのためになっているかどうか”と．この言葉が父と私の交わした最後のものであった．

社長就任の挨拶の中で，父である前社長を失ったことの悲しみと喪失感を吐露しながらも，小さい頃から慣れ親しんできた自分が，どれほどこの業界に情熱を持っているかを次のように語った．

“長期的視点から経営に当たるが，若輩者ゆえ，あるいは朝礼暮改もあるかも知れない．だが，人一倍歯科を愛する心を持っている．前社長の意志を引き継ぎつつ，全力で経営に当たるのでぜひご指導賜りたい．”

そして，“我社には歯科を愛する気持ちと，長い伝統と優れた技術があり，またなかまの皆さんの和があります．これを力に，お客様のニーズに的確に対応していくならば，どのような難局をも乗り越えられ，更に会社の繁栄に結びつけることが可能でありましょう.” と述べつつ，敏男の遺志の継続として次の三つを実践したいと述べた.

・GQC 活動の更なる推進とデミング賞への挑戦

・海外部門の強化

・流通改変

これらをまずは優先課題として掲げた.

(12)　QC 診断[*2]とバブル期の GQC，そして〝企業品質〟[*3]へ（1985 年）

1985 年 1 月に前社長の方針に基づきデミング賞委員会委員による TQC 診断を受診した．デミング賞に一気に挑戦するとの夢を抱いて望んだものの，結果は惨憺たるものであった.

当日の TQC 診断の先生方は，千住鎮雄先生以下 5 名の重鎮ばかりであった.

最後の講評では，方針管理の形骸化，管理項目の無理解，DR 設計審査の意味と役割も十分理解している者が少ない中で，先生方のコメントは大変厳しいものであった.

今となって振り返ってみれば，当時は正に習いたての TQC を

[*2] TQC を推進する上で，その現状をチェックし効果的な推進を図るため外部からの専門家による客観的な診断に基づき助言を受ける.

[*3] ジーシー独自の考え方で，〝ステークホルダーの皆様にお役に立つ企業〟の実現こそが真の〝企業品質〟であるというもの.

錦の御旗とし，方針管理[*4]とは，管理項目[*5]とは，品質保証とは〝こうあるべき〟と進めてきた．異業種の規模も歴史も，業態も違う，TQCのいわゆる形式を真似ただけのやり方を，ただ闇雲に十分理解もしないまま実行していただけであった．診断委員の先生方から“形式的な活動で，形骸化した活動になっており，しかも，本質的理解に乏しい”と講評いただいたことは正に正鵠を射た指摘であったと言わざるを得なかった．

診断の結果から，この活動が真に自分たちにとって有用であろうか，との疑心暗鬼な状態が続いていたと言っても過言ではなかった．正にGQC活動の混迷の時期と言える．

さて，当時の世相は，バブル景気に浮かれ，日本企業は世界最強と取り沙汰され，日本全体が土地高騰に沸き，正に製造業として地道にコツコツと汗をかいてきた企業にとっては，やり切れない思いを，心のどこかに秘めながらの活動の毎日であった．銀行での経営者たちとの集いの話の中でも“本業ではなく，株や土地で儲けた”との話を聞くにつれ，“自分は社内の皆さんに反省を求めてばかりで，ちっとも儲けていない，何かが変だ！”と，正に筆者自身もGQCへの疑問と自分の経営手腕に悩んだのがこのときであった．しかしながら，心の中に決めていたことは次の三つであった．

① 本業以外には絶対手を出さない

---

*4 組織の使命・理念・ビジョンに基づき，出された方針を達成するために，職位・職能に応じて方針を整合した形で策定・展開（Plan）し，それを実施し（Do），結果とプロセスの確認を行い（Check），必要な処置を取る（Act）組織的な活動．

*5 目標の達成を管理するために評価尺度として選定した項目．

② 振り子の法則（良いときもあれば必ず悪いときもある）

③ 継続は力なり

これらを一つずつ着実に実行していこうと決意し，基本業務に注力することとした．

そのような時期，企業として現状打破を図るべく，新たなる活動テーマを掲げることが必要であるとの認識から，〝2000 年プラン〟プロジェクトチームをスタートさせた．社内の心を一つにまとめることが，この Vision 達成の一番の近道であるとの確信と，そのための手段としてやはり，今までコツコツと実施してきた GQC の積極的推進が必要との認識が深まっていった．

このときに狩野紀昭先生（東京理科大学教授）から“Vision 経営とは社員みんなで〝ありたい姿〟を確認し，その実現に向けて歩みを進めることである”というアドバイスがあった．

同時に，真の TQC の目的の再確認を真摯に思い返したときに，なぜか不思議と自然に思い至ったのが，〝企業品質〟という言葉であった．

〝ステークホルダーの皆様にお役に立つ企業〟の実現こそが世の中におけるジーシーの真の価値であるとの結論に至ったのである．この考えをベースに 21 世紀へのキーワード，経営理念の見直し，グローバル企業を目指しての CI（Corporate Identity）と社名変更の作業を進めて行った．

（13）　流通制度改変（1985 年）

1985 年当時の而至製品の流通は，一部特約店による乱売，継続的な仲間卸，通信販売の蔓延に悩まされ，特約店制度の基本である共存共栄の精神は有名無実化され，深刻な問題となっていた．

そこで，直接全国の主な地域及び特約店を回り，“何が事実なのか”確認し，その結果，現在の特約店並びに代理店制度を白紙撤回し，次年度より新しい制度を導入する旨を発表した．

困難を極めたのは，こちらが新しい契約を結びたくないと思っていた特約店との間の話である．相手は既得権益を手中におさめてきたのだから，そう簡単には引き下がれない．しかし，新しい流通制度確立に当たっては，而至の特約店・代理店制度の基本的考え方に立ち戻って検討し，粘り強く説得の上，最終的に同意を得た．

新制度がスタートした1年目は貴金属製品の価格下落の影響とともに，而至製品取扱店が減少したことが売上げ減に響くこととなった．

しかし，混乱していた販売ルートの正常化，サービスの伴わない通信販売の沈静化，年々増加傾向にあった値引き率の下げ止まりなど，制度改変の成果は確実に実を結びつつあった．旧流通制度が崩壊の危機を迎えたのは，当時，長引く不況下で歯科医師の方々がより低価格の製品を望む傾向が強かったということもあったが，メーカーとしての責任も大きかった．

メーカーも販売店も，そろそろ次の成長ステージを目指して，体質改善をしなければならない時期に入っていたのである．

(14)　ふれあい65（1986年）

お客様に65年間の感謝と，これからの而至を見守っていただく気持ちをもってお客様を訪問すること．また企業がこれからも発展し続けるためには，お客様の〝小さな変化〟に気づくことが大切であるとして活動を始めた．

〝感謝の心を品質に！〟をキャッチフレーズに，全社員による歯科診療所，歯科大学及び大学歯学部への単独訪問が２月より９月までの８か月間にわたり実施された．訪問地域は東京都内ほか全国の事業所所在地の市内及び郡部にわたり，軒数は約 20 646 であった．

この訪問活動は，感動あり，笑いあり，失敗ありの中で生き生きと展開された．収集されたお客様の声はまとめられ，而至友の会，製品情報，販売店情報などに層別され関連部署に集められた．好意的な反応では“歯科界が大変なときですから，頑張ってください”“而至さんの製品は一流品で素晴らしい”から，反対の苦言では“会いたくない”“品質が良いのはわかるが高い”など様々な意見をいただいた．

更に，訪問を通じて，なかまたちは“感謝の気持ちが伝わったと思う”“営業の人の大変さがわかった”など，それぞれが何かしら大きな手応えを感じたことが伺えた．こうして社をあげた一大記念事業はひとまず成功のうちに幕を閉じた．後日，訪問後に先生方からたくさんのお礼状をいただくこととなる．丁寧にしたためられたお礼状を前に，なかまたちが，“さらに良い製品をお客様に”“お客様サービスの向上を”と発奮したのは大きな成果であった．

(15)　CI の導入 (1991 年)

来たるべき 21 世紀に向けた〝2000 年ビジョン〟に沿って新たな経営理念，新社名，コポレートカラーなどを創業 70 年の場で，発表し，なかま全員が確認しあい，心を一つにして，その実現に邁進することを誓い合った．

社名変更は 18 年ぶり，長年慣れ親しんできた漢字の社名とは，実に 50 年ぶりの別れである．社名に使われていた〝而至〟が〝ジーシー〟に替わり，1991 年 3 月 21 日をもって，而至歯科工業株式会社は，株式会社ジーシーに生まれ変わった．これは歯科産業の発展につれ，我々の社業が社名と合致しなくなってきたという理由もあるが，グローバル化へ進むこれからのために社名を簡潔にし，意味の広がりを持たせることを狙いとしたものである．GC アメリカを始め，海外企業の M&A を積極的に推進していくためには，こうして異文化企業と協調する上でも，世界に通じるアイデンティティを明確に打ち出す必要があったのである．

また，新しいシンボルマークとグリーンのコーポレートカラーの決定に当たっては，新進気鋭の CI デザイナー原田進氏に依頼した．ロゴマークの G と C については，動きを右斜上方向の同一方

1936 年　　　1977 年　　　現　在

図 2.5　GC ロゴの変遷

向を指すことによって，G と C の文字の性格や条件を犠牲にすることなく調和を生み出した．その意味は“同一目標を目指すことから革新の中にも創造的調和を生み出す”．すなわち〝ニュー GC〟の Vision 経営の意である．さらに，コーポレートカラーのグリーンは，見る人に安らぎを感じさせ健康色と言われている．ニュー GC のグリーンは，世界の人々の健康を事業として，常に地球環境への配慮の意を込めた，未来色として完成させている．

(16)　第 1 回社員満足度調査の実施（1992 年）

1980 年代後半からの数年間，日本経済は，株式や不動産価格の上昇とともにバブル全盛となっていた．世の中の多くの企業がこの現象の中で，優秀な人材を求め，従業員の処遇や福利厚生の手厚い制度の導入を競い合った時代である．

バブル崩壊となった 1991 年，〝良い会社とは〟というテーマで開催された品質月間シンポジウムの中で，各パネラーから，良い会社とは結果として，社員の満足度の高さとの相関が高いとの意見が多く出されたことを契機に，第 1 回社員満足度調査を実施するに至った．

調査を実施するに当たり一部の幹部からは反対の声もあがった．それは“社員満足度調査の結果，低い満足度結果だったら，どうするんだ，対策打つにしてもお金もかかるし，すぐ手を打つことも不可能なこともある”と．しかし，“まずは社員が現状の新生ジーシーをどう考えているか．それを知って，その上でもし悪いところがあれば，一つひとつコツコツと，直していけばよいのではないか．きっと会社がその姿勢を忘れずに毎年毎年，努力していけば恐れることはない”ということで説得した．

調査は，大きく分けて6分野（仕事・上司また同僚との関係・処遇・アメニティ・社風・誇り），全体で30項目にわたった．1992年の第1回社員満足度の調査結果は50％を少し超えるものであった．当時の日本のトップクラスは78～80％くらいで横河電機，富士ゼロックスだったと記憶している．

2020年の社員満足度調査では81.3％となり，約30年間の地道な歩みの中で，この調査から実施された施策が，少しずつ当社の企業風土の醸成につながっていくことを念じている．

（17）〝G-MAP〟〝QA認定ライン〟の導入（1992年）

強い現場が，日本の品質を守り向上させる基盤と言える．

優れた新製品が生み出され，顧客への価値を創造し満足を与えるもととなるのは現場の生産力である．安定的な供給と適正なコストを実現することができるのもまた現場力の賜物である．

当社は，このために二つのテーマを実践している．

第一は，生産に関する情報のデジタル化を目指し，このための製造工程の確立と薬事法にも関わるG-MAP（GC Material Planning）システムの導入である．このシステムの成功が，その後ERP（経営資源計画）の導入に結びついている．

二つ目は，製造工程自体の強靭化である．製造ラインの担当者が作業工程の改善に努め，標準書に落とし込むことで，そのノウハウがしっかりと後輩に引き継がれるとともに，不良品を生み出さない安定製品の供給ラインが確立され，〝QA 認定ライン〟と呼称された．

お客様に 100%満足いただける製品の供給を目指して，その現場のラインのなかま全員が，その製品のエキスパートとなる思いを込めている．

結果系及び要因系評価チェックシートに基づき評価し，社長が最終的に合否判定するジーシー独自の活動で，まず製造部門からスタートした．これは同時に，社長自身の現場についての勉強の場としようとの思惑もあった．

この活動の大きな特徴は，合格してもその後，継続的なものにするために更新審査をするというものである．この制度はその後，購買，物流部門から更に，メンテナンス，研究，営業部門まで拡大し，最近では海外工場にまでその範囲を広げている．その数は 2019 年度時点で 300 セクションにまで到達している．

(18)　ISO への挑戦と GQC 有用性の再認識（1994 年）

品質第一主義を経営理念に掲げている当社にとっては，自社の品質保証体制を自ら客観的に認識するとともに，世界の人々に評価される品質システムを確立することにより，グローバル企業としての〝企業品質〟を整えるときを迎えていた．

ISO 9001 の認証取得を目標に掲げ，厚生省省令 GMP への適合をより容易にする狙いも含め，PL 法への適応を目指した．

第一に，世界市場において ISO 認証が，パスポートとして不可欠であること．

第二に，長年進めてきたGQCを，より大きな組織で動かしていくために，各種の課題解決や制度面の充実を図ること．

そして，第三に内なるグローバル化として，なかまのひとり一人がISO認証取得のプロセスに参加することにより，社内の国際化の一つの機動力に育てること．

以上の狙いのもと，1994年は認証取得に向け加速度的に体制を整えた．なかま全員の努力の末，11月末に日本の歯科業界初の認証取得が決定し，一同これまでの苦労がやっと報われた．

主任審査員より“ジーシーは不適合ゼロをめざしているのか？初めての9001認証受審の会社としては，指摘事項が4件と少なすぎる．立派です”と最高の賛辞を受けた．この背景には長年推進してきたGQC活動があり，いわば今回の認証取得によって当社の品質システムが国際的な審査機関に認められ，国際的なレベルにあることが証明されたのである．

これに続き，同年12月，GCベルギーがISO 9002の認証取得した．さらに，1995年GCアメリカがISO 9001，2003年に当社のISO 13485認証取得へと続いた．

(19)　サークル活動からKI（Kaizen　Innovation）活動へ（1996年）

1980年に開始された当社のQCサークル活動も，混迷期・再認識を経て大きな転換点を迎えた．部門にまたがる問題・課題の解決が進まず，現状に即したQCサークル活動になっていないことなどもその一因であったことは言うまでもない．

併せてこの時代，取り巻く環境からの要請もあった．

・少子高齢化社会の到来とともに，国民の QOL 向上の要望と〝マス″から〝個″の社会への転換
・顧客重視，顧客満足度を指標とした活動の重要性の向上
・GQC のコントロールという言葉が時代にそぐわない
・スピード（納期）・品質・コストの特化による価値創造

以上のようなことにより，〝GC's Quality Management″として新たな時代の経営における核となる活動へと昇華させた．

もちろん，その目玉は継続的改善活動であるが，部門の枠を越えての活動も可能とすることを目指した．名称も〝QC サークル″から〝KI チーム活動″へと変更となった．

これらの活動をより活性化させるために，年 2 回開催する全国 KI 活動発表大会の他に，5 年ごとに KI 世界大会が開催されて

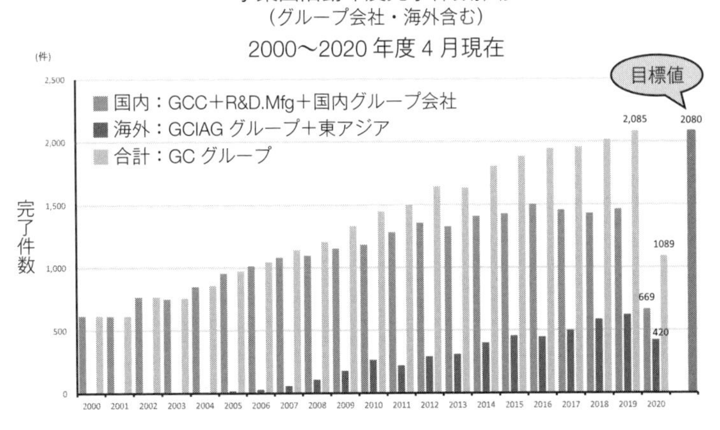

図 2.6　KI 活動の完了件数グラフ

いる．現在ではテーマ完了件数も年間2085件となり，そのうち30％を海外勢が占めるようになっている．

(20) 当社独自の教育機関〝デンタルカレッジ〟(1996年)

1990年代においては，専門化・複雑化する製品を適正にお使いいただけるよう正しい歯科情報をお届けすることと，より細分化する歯科医療ニーズを正確にキャッチしていくためにはお客様サイドに立った情報提供・収集能力のアップ，すなわち自社製品知識だけでなく歯科医療全般にわたる知識の習得が当社の課題であった．

そこで，医療のMR（Medical Representative：医薬情報担当者）に当たる存在が，歯科医療にも必要だと考えた．医科とは異なり，歯科には歯科医療独自の情報が求められている．製品知織だけでなく歯科医療全般の知識習得を目指した独自の教育システムの構築，これがDR（歯科医療情報担当者）構想の始まりである．

1996年，DR構想に合わせた当社独自の教育機関として，歯科材料に関する知識を実践的に学ぶ〝デンタルカレッジ〟を開設した．デンタルカレッジは歯科医療に関わる社員，ディーラーを教育する専門機関であり，営業部門だけでなく，開発部門や製造部門，間接部門も含めた社員に対して初歩からより高度な専門知識へとカリキュラムが編成され，ステップバイステップで進級していくしくみとした．東京医科歯科大学の先生，様々な臨床家の先生など幅広く講師をお招きし，システマチックに定められたコースを歩み，一定水準に達した者にDR認定が授与される．

時代に即したカリキュラム見直しを繰り返しながら，現在では

335名に上るDR認定者を輩出したデンタルカレッジは，ジーシー社員，ディーラーの資質向上を図り，歯科医療に関わる歯科器材の情報を伝達する専門家として社会的評価を高める活動に貢献している．

また同時に機械系の技術者を養成するテクノセンターを開設し，より利便性を向上させるためにデジタルコールセンターをオープンし，年間10 000件の問合せに対応している．

（21） 第1回国際歯科シンポジウム（1996年）

1996年3月30日・31日創業75周年とジーシー友の会40周年を記念して日本歯科医師会の協力のもと，パシフィコ横浜の国立横浜国際会議場で，2日間延べ8 000名の参加者による国際歯科シンポジウムが盛大に開催された．

〝21世紀に向けて歯科医療の可能性を探る〟という大きなテーマを掲げ，来たるべき21世紀を見据え，日々進歩する歯科医療について大いに語り合う絶好の機会を設けようと国際シンポジウムとして，海外からも1 000名が参加した．

シンポジウムでは，国内外の著名な76名の講師陣によって熱弁がふるわれ，それに耳を傾ける多くの歯科医師の方々をはじめ，歯科衛生士の方々の熱心な姿勢が目立つ中，大盛況のうちに幕を閉じた．

その後も5年ごとに開催され，2021年に東京で創業100周年事業として計画されている．

(22) ERPの導入・グリーンシステム稼働 (1999年)

コンピュータの2000年問題が大きな話題となる中，いつの時代においても企業活動における経営資源の最適化は大変重要である．ERP (Enterprise Resource Planning) は経営資源計画と訳され，グローバル化を見据えた経営の進展とともに，国内及び海外の事業所が統一されたシステムで，生産，販売，購買，財務会計などの管理が一気通貫で瞬時に行えるシステムが不可欠，との考えのもとに導入したのが1999年であった．

ERP導入の成否は，〝トップダウン方式〟と〝現場へのたゆまぬ啓蒙〟にあった．通常業務外であるシステム構築に関わる現場の協力をいかに繰り返し説得して促し，現場の理解と成功に向けてのモチベーションを醸成できるか，ということである．

この業務に関しては社員の中から選出したパワーユーザーチームが担当した．実推進役であるパワーユーザー一人ひとりが，それぞれの所属部署の業務フローの洗い出しを行う．全国各部署が携わる業務を全て一元管理下のフロー図に書き出す難作業を完了し，一次，二次，三次と回を重ねながら運用管理状況を築いていくという正に気の遠くなるような作業を重ねた．こうして同プログラムは1年半の期間を費やして年度始めの稼働に向けスタートした．

新システムが無事船出したのも束の間，特約店・代理店の皆様に多大のご迷惑をかける事態に陥ってしまった．幸いにして3か月で対策が施され，SAP社R/3システムは除々に本来の力を発揮してきた．

2018年より世界のシステムを一気通貫させるとの作業とSAP社

HANA4へのバージョン変更への対応を進めるProject Henkaがスイス主導で進行している.

(23) デミング賞・日本品質管理賞への挑戦（2000年, 2004年）

21世紀を目前に控えた1999年，GQMも少しずつ軌道に乗り，この頃のGQMの外部指導講師は, 俵信彦氏（武蔵工業大学教授），角田克彦氏（日本科学技術連盟参与），そして全部門を幅広くご指導いただいた細谷克也氏（品質総合研究所所長）であった.

2000年がデミング賞創設50周年でもあり，また敏男の念願でもあったデミング賞獲得と，2010年Vision実現のためにも，ここで第三者の意見を積極的に取り入れていこうとの想いから，今回は自然発生的に一つの節目をつけようという社内のムードとなり，1999年9月にデミング賞チャレンジに向けての，GQM強化宣言を行った．今，翻って考えてみると10か月足らずの間，月に1度の細谷先生による定期指導会だけでの挑戦は，その後のGQM推進

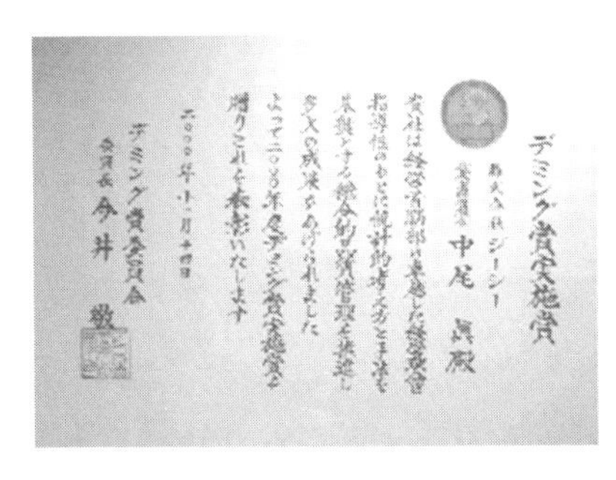
デミング賞実施賞
株式会社ジーシー
代表取締役 中尾 眞殿
[illegible]
[illegible]
[illegible]
よって二〇〇〇年度デミング賞実施賞を
贈りこれを表彰いたします
二〇〇〇年十一月十四日
デミング賞委員会
委員長 今井 敬

図2.7 デミング賞状・メダル

とグローバルでの展開においても，各人の大きな自信となって花開いていくのである.

このデミング賞挑戦は，当社の体質強化につながっただけではなく，真の意味の〝企業品質の向上〟を実現し，正に世界に誇れる個性的なグローバルな中堅企業として成長したと考えている.

しかしながら，デミング賞の獲得が厳しい企業競争の中で企業存続のパスポートを確保したということにはならないことは，多くの先人たちが思うところである.

幸いなことに，デミング賞意見書の内容は，関係者が納得する多くの貴重なアドバイスと，“〝真の患者・国民本位の考え方の実践〟にいかに取り組むか”との問いかけが出された.

早速これらのアイデアをもとに2005年中期経営計画の策定と21世紀へのスタートへ向けてのスローガンの見直しを図った.

中期経営計画の核はグローバル競争力の強化・研究開発力の強化と中期経営計画の実行度向上に置き，同時にGQMの輪をグループ会社全体に拡げるとの基本的な考え方で，なかま全員にVision・Mission及びその狙いの小冊子を配布し，グループ全体へその考えの浸透を押し進めていった.

実は，2000年デミング賞受診時の首脳部懇談会での筆者の決意が“GQMをグループ会社に展開し，グループの中核企業もデミング賞へ挑戦し，いずれは日本品質管理賞へもチャレンジする”ことであった.

かくして2004年10月に，日本品質管理賞発足の1970年度第1回トヨタ自動工業株式会社受賞から数えて18社目の受賞を受けることができた．このときの次なる決意は〝歯科界への GQM の輪の拡大〞であった．これが後に〝産業 Vision〞に結びついている．

更に，2 年後の 2006 年度には春日井市にあるジーシーグループ中核会社である株式会社ジーシーデンタルプロダクツもこの賞を手にすることができたのである．

2.4　GQM の輪の拡大（2000～2013 年）

(24)　新しい建築コンセプトの導入とオープン（2000 年）

80 周年を目前に 2000 年 7 月，情報化社会に向けての戦略として東京と大阪にデンタルステーションを開設した．来たるべき 21 世紀を〝健康世紀〞と銘打ち，国民の QOL の向上を図るべく，デンタルステーションを情報発信基地と位置づけ，ユーザー一人ひとりのニーズに対応した最新の歯科技術情報を届けることを目的にしている．

西日本のデンタルステーション大阪は，顧客満足だけでなく，社員満足を高めて，地域との調和を図ることをコンセプトとして建設された．外観は南側に一面に配した人工のアイビースクリーンをはじめ，世界で初めての木製耐火被覆の柱を使用するなど，緑と木の質感を表現する一方で，現代的なガラス張りでオープンな企業のイメージをアピールしている．単に IT を駆使した情報発信基地という機能に留まらず，訪ねる人々にやすらぎを与えるやさしい空間をつくり出しており，建築業界からも高い注目を集めた．

一方の東日本の本郷ビル外観はビル全体に木製の格子を設けるこ

とによってエコロジカルな雰囲気を持つ大幅なイメージチェンジを図った．東西のステーションの設計はデンタルショーにおいてエコブースを手がけていただいた世界的建築家の坂茂氏である．このデンタルステーション大阪ビルは，2001年，ニューオフィス推進賞を受賞し，当社が環境と調和しながらビジネスを展開していくという企業姿勢を大きくアピールした．過去40年間にわたりデザインを依頼していた建築事務所，建築会社から新たなチームへとバトンを手渡したが，これは21世紀には新しいチームをどんどん引き入れたいとの覚悟の表明であった．

(25) 富士小山工場 GET 20 活動（2000年）

21世紀を見据えて，工場では〝工場革新プログラムによる製造体質の強化運動〟が2000年よりスタートした．当社での名称を〝GET 20活動〟として，生産性の向上，現場の品質保証体制の推進，生産管理システムの革新を重点に活動を開始した．しかしながら効果が思うようには上がってこなかった．

そこでこれまでの活動を基盤に，〝GET 20フェーズⅡ〟を立ち上げた．

活動項目を20項目掲げ，それぞれM・Q・C・D・Tの五つのカテゴリーに区分してカテゴリーリーダーと各細目リーダーとの整合と推進役を担う形で進めている．

これらの項目について，自己診断と内部診断による評価を繰り返しつつ，〝全体カテゴリー会議〟を上位に，項目間の整合を図りつつ，強化項目のすり合わせを行っている．

この活動の結果，2004 年には，（1999 年度比）生産性が 42.2％向上し，品質トラブルに対する早期対応と，確実な是正を実現させるための，三現主義会の実施と，間接部門との連携により，大きな効果を上げた．

この活動の定着と技能・知識の向上，更にはグローバルマインドの育成を目指しての〝ジーシーものづくり大学〟が 2010 年にスタートしている．

（26）　中尾塾の立ち上げ（2003 年）

〝ひと〟こそが企業の力の源泉として，当社はその経営の中心に〝ひと〟を据えてきた．創業以来従業員を〝なかま〟と呼び，資本家も，労働者もいない，会社の中にあっては互いに敬愛するなかまであると考えている．筆者が社長就任から 20 年経過した 2003 年，社内を見回してみると，非常に真面目で従順であるが，自ら考え自らの判断で行動することが少ない多くのなかまを見て，将来に対する危機感を持ったのが契機となった．

トップが長く，その任に就いていると，周りはいつの間にか，自らの思考を止めてしまう．それでは未来のジーシーはない．

そこで 2004 年 5 月，従来の経営スタイルを変更し，社員一人ひとりが自ら考え，自ら行動するよう求めた．併せて自分の 55 歳を機に，後継者と次世代経営幹部の育成を図るため，自らが塾長となる中尾塾を立ち上げた．この塾において，“なかま同志のコミュニケーションを図ることはもちろん，自身の企業家としての DNA を継承するのではなく，その時代時代のトップの思考回路とその背景にある考え方，つまり，どのように考え，またどのように判断を下したか”を説明するために多くの時間を割こうとの考えのもとスタートした．

約30名が選出されて育成を図られ，その中から多くの幹部が輩出されている，現在では，海外中尾塾へと拡大され，海外オペレーションの多くのなかまも入塾している．

(27)　第1回CSRレポートの作成（2006年）

事業活動を通じて社会と関わっていくためには，企業がどのような考えで活動し，顧客のみではなく，特約店，取引先，なかま・株主，地域社会に至る多くの人々に対し，どのような影響を与えていくのか重要な問題である．

2006年，このような考えのもとCSRに対する姿勢について事業活動を通じてわかりやすく報告することを目的として，GQM活動，社会とのかかわり，環境とのかかわりの三つのカテゴリーに分類した『CSRレポート2006』を作成した．その中で，当社の経営の核となるGQM活動をもとにした事業活動における取組みでは，特に，QA認定セクション制度による，製造工程でのトラブルを低減させ，品質つくり込みのレベルアップさせるしくみづくり，また当社で扱う製品は，人の生命に関わる歯科用医療材料及び機器という観点から，新製品の開発に当たっては，ISO 13185に基づいた医療機器リスクマネジメントに沿って設計段階から分析・評価を重ねていること等を説明している．

(28) 歯科医療機器産業ビジョンの作成（2007年）

厚生労働省のビジョン政策の中に，歯科医療分野が反映されていないのが，業界としても不可思議であった．そこで，筆者の日本歯科商工協会会長就任とともに，歯科材料及び歯科器械各メーカーの代表により，歯科医療機器産業ビジョンの草案づくりに着手した．

その上で厚生労働省経済課の皆さんにレクチャーを受けると，“この草案について日本歯科医師会の皆さんはご存じですか”との質問を受け，全く予想だにしない反応に驚いた．

そこで新任の日本歯科医師会会長・大久保満男氏にお話しすると，大変興味を示され，早速日本歯科医師会の湘南合宿のテーマとして，業界としても参加し，発表，議論の輪に加わった．

当時の歯科界は多くの問題点が山積し，特に世界に類を見ない超高齢社会の急速な進展と口腔保健への影響など，喫緊の課題であった．

〝ビジョンなきところに明日はない〟との三会長のスローガンのもと，三団体（日本歯科医師会・日本歯科医学会・日本歯科商工協会）による協議会が結成され，正に歯科界の総力を挙げて2007年7月に歯科医療機器産業ビジョンの取りまとめがなされた．

なお，翌2008年厚生労働省は，〝新医療機器・医療技術産業ビジョン〟を策定し，〝国際競争力の強化〟〝超高齢社会への対応〟〝国民の安全・安心確保体制の確立〟〝先進歯科医療機器開発の推進〟を掲げ，歯科に関する11項目が初めて記載された．その後，このテーマに基づく新製品・新技術には，社会保険診療報酬の評価を受け，歯科界の活性化に結びついている．

この頃から，〝臨学産連携〟という言葉が多用されるようになった．業界の中には，この言葉に否定的な意見もあったが，“日本の歯科界が良くならなければ我々企業の発展もない”との強い信念が，このビジョン完成に結びついたと言える．

(29)　コミュニケーションループこそが開発の原点（R&D Center）（2007〜2012年）

2004年の名古屋営業所の新築移転をもって1959年の新研究室のオープンから45年，世界を含め34棟を建築してきた〝再興計画〟を終了させ，新たな100周年を基軸とした，施設のリニューアル計画の実行を決意した．2004年12月にはまず本社研究部門のリニューアルコンペティションが開催された．

新研究所は〝コミュニケーションループ〟というノーベル物理学賞等，数々のノーベル賞を受賞している英国のラザフォード教授の研究所のコンセプトを参考にした．

“アイデアというものは，自由なコミュニケーションの中から，突然変異的に生まれるもの”と捉えて，“解放方式の研究棟を作ろう！”ということに決定した．

また，経営学者である伊丹敬之氏は，『場の論理とマネジメント』（東洋経済新報社）の中で，

“強い組織を作る鍵は〝場〟にある．場とは〝情報的相互作用の容れもの〟で，その中で情報的相互作用が濃密に起きると，

① 人・場の間の共通理解が増す

② 人々がそれぞれに個人としての情報蓄積を深める

③　人々の間の心理的共振が起きる”

と述べている．

第1期工事は2007年に，そして最終的には3期にわたる工事を経て2012年に完成している．建築設計は鹿島グループにお願いしている．

図2.8　R&D Centerの内部

(30)　品質工学の導入（2010年）

メーカーとして，製造上のトラブルをなくし，市場クレームのない低コストの製品を迅速に提供できる新技術と新製品開発を，いかに達成していくかを考えたとき，従来の活動だけでは十分な成果を出すことが難しいことから，2010年，品質工学の導入をスタートした．

元コニカミノルタの小板橋氏及び松阪氏を講師に迎え，1月から10月までの10か月間で10回の勉強会と検討会を踏まえて，テーマ解決を図るものである．

参加者は約20名であり，主に工場技術者及び研究者が中心である．最初は，参加者も，今までの教育とは若干違った雰囲気の中で，講師から課題の見方について説明があった．〝ブレーキ〟は“止めることが機能ではなく”“動かしながら，速度を安全，安定的に落とすこと”と考えると入出力の因子が決められる．“すなわち，ブレーキは‘動かす’ことが目的となってくる”．課題の見方で広く捉えることができるようになる．

また“昔，IT関連では，ハードがメインでソフトはおまけ，利益はハードからとする考え方が強すぎた．今後はソフトがメインとなり，携帯電話のような品質問題はソフトとなり，社内では重要視しないと委託業者に多くの金額を支払うことになってしまう”との説明を受けながら全員納得の様子．

年に1回，ジーシーグループ品質工学発表会が開催され，今後のAI時代に対応できる研究開発，製造技術陣の奮起が期待されている．

(31)　Vision 2021（2011年）

“当社の経営はVisionを核としたVision経営を柱としてVision 2000をスタートに実施してきた．今回，2021年創業100周年に向けて，新たに，〝Vision 2021〟を策定した．前回の〝Vision 2010〟が未達に終わったことを踏まえ，その原因が，全員で共有化できなかったこととして捉えた．その反省に基づいて“〝Vision 2021〟は1年間かけて，部署ごとに各層，各機能で話し合い，なかま一人ひとりのMy Vision・My Missionに落とし込んで浸透させていくことが必要である”と呼びかけたのは，2010年2月11日創業89周年の席上であった．過去の反省を踏まえ，100周年への決意をなかま全員に語りかけた．

Vision 2021

健康長寿社会に貢献する世界一の歯科企業への挑戦

Mission

1. 〝GCのこころ〞を礎にしたグローバル人材の育成と明るく活力にあふれた職場環境の創出
2. パラダイムシフト下におけるCSR向上（世界の人々のQOL向上への貢献）を目指したスピードある質経営の展開
3. 健康長寿社会実現を目指すグローバルニーズに合致した創造性豊かな新製品の創出とブランド力の強化
4. 絶対品質実現への挑戦と，フレキシビリティ，スピード，コストを追求した世界最適地での生産システムの確立
5. 世界のお客様の口腔保健向上にお応えする製品・サービス・情報の提供

(32)『ジーシーのこころ』発刊（2011年）

多くの企業には，社是や経営理念また○○ウェイと言われる企業の核となる基本的な精神がある．当社も社是〝施無畏〞という教えが創業以来脈々となかまの精神に刻まれている．しかしながら時代

の流れとグローバル化の進展により，その精神も多様化してきている．

〝企業は人なり〞と言われ，企業の真価は，そこに集う〝なかま〞の共有する価値観の調和にある．そのような背景のもと，2011年2月に『ジーシーのこころ』が日本語・英語・中国語の3か国語で出版された．

社是〝施無畏〞の考えを，具現化するための行動要素，また歴代経営者が志を受け継ぎ，ことあるごとに語ってきた〝思い〞をつづり，我々が仕事をしていく上で，行き詰まったり，迷ったり，つまずいたりしたときに，この最も大切で基本的な思い『ジーシーのこころ』を手に取って，ひも解くことが進むべき道しるべになると表した．

各職場においては，朝礼会や輪読会，あるいは上司やTQM推進者によって『ジーシーのこころ』の勉強会の実施が進んでいる．

(33)　GC Corporate Center が始動開始（2011年）

2011年3月にオープンしたGC Corporate Center（以下，GCCCという．）は，本社機能とDIC（デンタル・インフォメーション・センター），東京支店をはじめ〝カスタマーエンタープライズエンターテイメント〞と〝価値の共有と癒しの空間〞という二つのコンセプトをもとにフロア設計した建物である．

そこでは，講演やセミナーの開催，製品展示，歯科材料・機器を臨床的な環境で実際に体験できる研究ラボ，診療空間のモデルフロアを設け，製品に触れその性能をより深く理解していただくための行動展示を実現したものである．製品とジーシーブランド，すなわち当社の本質をお客様に理解いただきジーシーブランドの認知性をより高めていこうとするものである．

一度体験した感動を契機に，お客様がいろいろな展示を疑似体験しながら，その本質をより深く理解し，モノ，コトを介して人と人との〝コミュニケーションループ〟をお客様とともに形成していくもので，行動展示と称している．お客様スペースとジーシー本社，支店機能が 50：50 で構成されている．

この GCCC オープン記念式典の日（2011 年 3 月 11 日）に東日本大震災が発生した．会場は，最新のスタジオ・ビジュアル・システムが津波の状況を刻々と伝える臨時の日本歯科医師会幹部の方々の震災対策本部に様変わりし，東北地域を中心とした被災者への対応協議等緊急会議の場となった．

図 2.9　GCCC に設置した慰霊碑

この震災では，死者行方不明者18 000人以上，負傷者約6 000人，100万家屋以上が損傷，半壊，全壊となった．4月には，この震災において亡くなられた歯科医師8名の鎮魂のために，GCCCに〝慰霊の碑〟を設置し花を手向けている．

なお，この建物は，世界的建築家である谷口吉生氏の設計監督のもとに完成した．100周年事業として次なる増築工事も計画されている．早くも2014年には開館3年で，医療従事者50 000人の来館を記録している．

(34) 喜びのデミング賞本賞の受賞（2012年）

2012年10月，日本科学技術連盟より2012年度のデミング賞本賞の受賞者が発表された．眞（筆者），喜びの日であった．筆者は2社の〝日本品質管理賞〟，4社の〝デミング賞〟，GCヨーロッパの〝2019年Global Excellence Award〟の受賞を導いている．

更にビジョン経営の考えを，歯科界全体に広めるべく〝歯科医療機器産業ビジョン〟を策定し，“健康長寿社会の実現に貢献している”と過分なる評価を受けた．

筆者は，受賞御礼の会のスピーチで“この賞に驕ることなく，製品・サービスの質向上は無論のこと，顧客満足の向上，顧客価値の創造に向け一層の努力を図る所存である．恩師村松先生に導かれ，父の遺志を引き継ぎ活動して来たGQC・GQM活動が，世間の皆様からも評価を頂けたとともに，自分の経営の根幹を創り上げたTQC．自分の経営を語るとき，そして三代目経営者を支えたのは正にTQC・TQMである．”と締めくくった．

図 2.10　デミング賞本賞受賞 お礼の会（於：ホテルオークラ）

（35）　Kamulier 設立（2013 年）

2013 年 9 月に文京区御茶ノ水にオープンした Kamulier（カムリエ）は，当社が〝治す歯科医療〟からカリエス・歯周病の予防や摂食嚥下訓練ケアを含めた〝生活を支える歯科医療〟への社会背景，特に一般の方々の健康観の変化に対応し，食のコンセプトとして〝家族みんなで，一緒に食べられるもの〟をイメージし，開いたショールーム＆カフェである．更に，〝食べること〟を中心に，多くの方に，中・長期的にどのようなサービスが求められるのかを実践的に社会研究する場でもある．

生きることは食べ続けることであり，口や歯は人間が日々生きていくためのエネルギーを取り込んだり，人とのコミュニケーションや会話をする上で重要な役割を果たす．それを支えるのが歯科医療であり，当社も歯科界の一員として，社会貢献として取り組んで行こうということでこの食育プロジェクトを始めた．

このカフェでの商品は，世界的なパティシエの辻口博啓さんと歯科界のコラボレーションで開発した4種のケーキなど常時5～8種類ある．嚥下が困難な皆様にも安心して飲み込みやすいように配慮したイージースイーツなどもそろえ，口どけがよく，みずみずしい食感で家族そろって一緒に味わえるスイーツは好評を博している．

また，〝やわらか食〟の料理教室も開催し，管理栄養士と歯科衛生士による健康づくり，口づくりに関する情報提供も行っている．

2.5　マルチナショナル化の時代に向かって（2013年～）

(36)　臨床経験を積んだ新社長（2013年）

30年にわたって社長を務めた筆者から，2013年10月，新社長の中尾潔貴にバトンが渡された．

“小生（筆者）は前社長であった父敏男の急逝のため，34歳という若さで社長を継承し，以来30年間ジーシーグループを率いてきた．今の日本人を見たとき，自分たちは今まで世界で非常に優れていると思っているが，本当はそうではないのではないか？　1300年前の平城京は強国であった唐からの侵略からどう守るか，生き残ることを真剣に考えていた時代であった．そして日本固有の技術を育て上げることに非常に力を入れた．それが奈良時代であり，平城京の頃であった．この時代こそグローバル化し多様化を進め，多くの苦労を重ねたのが日本人だったのだ”そして“現在はもっといろいろな外部の力を使い，女性の力を使い，多様化の中に今生きないと，日本の未来，繁栄はないと考え，GCIAGを作りスイスの地で，世界の中でより発展する道を選択した．”と決意を披露した．

この言葉を引き継ぎ，新社長となった潔貴は，〝‘歯科医療の本質’を知ることが私の命題〟という考えのもと，次のように述べている．

“歯科医療は誰のためにあるのか”また“何のためにあるのか”“それは確かに役に立っているのか”という思いを持ち続け，今後も努力していくと．そして，“これからは歯科医師と企業人との立場を，細部にまで気を配れる〝虫の目〟を持つ力と，全体を俯瞰できる〝鳥の目〟を持つという心構えで両方の立場の長所を活かしていく．”――ここに，ジーシーの新しい夜明けが始まったのである．

(37)　KI世界大会の開催（2016年）

創業95周年記念事業の一環として，KI活動世界大会及びグローバルセールスコンペティションが東京お台場のホテルグランパシフィックLE DAIBAで2016年2月12日に開催された．

この狙いは世界中の全部署，そして全員が参加し，改善イノベーション活動を実施し，その中で選抜された改善テーマを選び，活動の効果を参加者が理解し，KI活動の有効性の認識を共有するためである．

全世界を，〝研究開発系〟〝製造系〟〝営業系〟〝事務系・グループ会社〟〝GC蘇州〟〝GCIAG（GCアメリカ・GCヨーロッパ・GCアジア)〟の6グループに分け，地区によっては2回の選抜大会を勝ち抜いた12テーマで行われた．座長は，自身のGQMに関わる経験を踏まえた挨拶をする．

発表された12のテーマのうち9名は日本人であったが，発表は全て英語でなされた．一方，セールスコンペティションでの座長のGCIAGトルステン・ギレス氏は日本語で挨拶をし，正に国際的な改善活動の発表会であった．こちらも12テーマのうち檀上に立った7名の日本人もやはり全て英語での発表と質疑応答であった．当社のグローバル化の進展を示した第1回のKI世界大会は，盛況のうちに幕を閉じた．

(38) Vision 2021のVision Targetの紹介（2016年）

創業95周年式典で潔貴は〝Vision 2021の‘世界No1’とは？〟について，なかまにわかりやすく語りかけた．従来からの売上げ・利益中心の目標値から，ステークホルダーの皆様の満足度を向上させるために，“企業品質を高めていくことでNo.1に選ばれる企業になる”ことを目標に修正するとして，Vision 2021の目指すべき指標を紹介した．

Visionを達成すべく具体的指標として“GCグループの達成すべき総合8指標”を図2.11の項目に掲げて明確化している．このことは経営の透明化（見える化）に関して行った取り組みであった．

これらの目標の達成のための大きな要は，GQM 2021 の実践による企業品質向上にあるとしてGQM推進強化を宣言している．

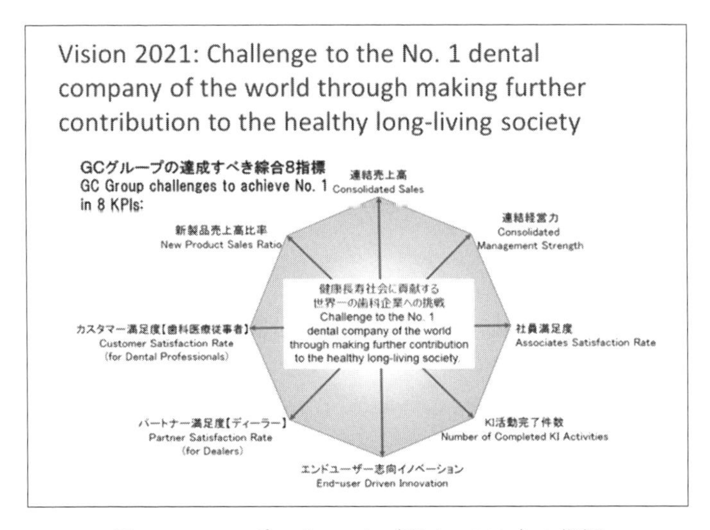

図 2.11 レーダーチャート（Vision 2021）8指標

(39) 品質経営度調査ランキング1位（2016年）

日本科学技術連盟と日本経済新聞社による第9回（2016年）〝企業の品質経営度調査〟の結果が発表され，当社は第2回調査より除々にランクアップしていた順位が，ついに常連企業を抜き初の1位の評価を受けた．

下記の3項目の質問（51指標）の項目別評価では，

- 品質経営を継承する人材育成　1位
- 安心・安全・信頼のマネジメント　4位
- しくみの水平展開　2位

という順位である．

この年２月に開催した〝KI 世界大会〞で国内外のグループ会社社員に改善事例の共有化を行い，相互啓発につなげたこと，また海外の主な拠点に GQM 活動の推進者を置き人材育成を図っていること，併せて〝品質保証〞〝製造技術〞〝生産管理〞といった 12 の機能別のグループを作り，会社の垣根を越えて関連する部署がグループに所属し，数値目標の達成に向けて取り組んでいることが認められた．

(40) 昭和薬品化工株式会社の子会社化と新工場（2016 年，2019 年）

歯科の薬品分野においてトップ企業であった昭和薬品化工株式会社を子会社することが 2016 年９月に決まった．我々の長期課題として，自社開発に挑戦，また輸入品・M&A への取り組みも進めたいものの，薬事等で挫折していた歯科薬品について，一筋の光明が開いた．分野トップ企業の M&A である．

昭和薬品化工は，とりわけ，歯科用局所麻酔剤，歯周病治療薬では圧倒的な地位を築いている．

当社は，昭和薬品化工がこれまで築き上げた歯科薬品事業と，当社の歯科材料，歯科機械事業のシナジー発揮により，歯科総合メーカーとして，更なる成長とお客様へより高品質な製品をお届けすることにより，当社が掲げる Vision 2021〝健康長寿社会に貢献する世界一の歯科企業への挑戦〞に向けて決意を新たにしている．

そして 2019 年６月，川崎市に昭和薬品化工の無菌製剤医薬品製造工場を完成させた．ハイレベルな環境を要求されるこの工場から，国内最高レベルの無菌エリアの環境で製造される製品により，歯科医療界が目指す安全・安心な歯科医療の実現が加速されることとなった．

（41）地道な活動――トップ診断の着実な継続（2020年）

当社の経営を支えているのは，TQMをベースとした方針管理，そしてPDCAと弛まぬ改善活動である．そして，その目玉となるのが社長自ら参加し，課題を明確にする診断会である．社長自身が現場の実情を把握し，現場のなかまと打開策を協議する姿勢は，40年間磨き抜かれ，当社のシステムとして定着し，診断会は国内外通算1 630回（2020年9月まで）を数えている．

また，なかまの改善事例共有の場である，KI事例発表大会は全社恒例行事として24年を迎え，更に事業場別の発表の機会もあり，社外への発表も含め，なかまの改善意欲と探求心の向上に結び

図2.12　トップ診断会の様子

ついている．なお，全グループの改善事例は2 085件（2019年）となっている．

図 2.13　KI事例発表大会

第3章 今我々が求められていること

ここで，なぜに当社は世界市場に，より注力しようと考えているのか，筆者個人の気持ちも含めて明確にしておきたい．

3.1 持続的成長の実現

持っている人財・資材を有効に活用し，育てることを，20-21世紀は，我々企業トップは求められてきた．そこで筆者は〝Vision経営〟として，会社の行く先，そして道程を示すことに努力してきた．また人財であるなかまの一人ひとりにも，〝My Vision〟・〝My Mission〟を描き，その実現に日々チャレンジすることを求めている．

しかしながら，我々日本企業を取り巻く環境はなぜか暗い．世の中は残念ながら，そこに集う人間の数でその総力の器が決められる傾向にある．（もちろん，高付加価値化社会の生成に成功したスイスのように，一人当たりの生産性が高い場合は別格であるが）日本の場合は，人口減少社会であり，スイスモデルとは言えない状況のため．今や単純な成長モデルを描くことはできない．

我々も小さな業界，限られた歯科医療分野での可能性を求め，数々の活動を行ってきた．歯科医療の有用性・〝健康日本21〟で多大な成果を挙げた〝8020運動〟を核として，歯科医療機器産業ビジョン等を発表し，歯科界の活性化運動を推進してきたが，残念ながら世間の我々への反応は鈍い．我々は現在のままでは日本国内の従業員数を維持するにも，限られた選択肢のみが残されている．それは，日本国内で絶対的なシェアを確保するのか，海外市場増進の道程なのか，全く新しい分野への参入なのかの三つの選択肢である．この中での最初のシェアについては，未だに独占状態にない我々としては，当然チャレンジしなければならない命題であり，また三番目の新しい分野への参入も大変魅力的な話ではあるが，他社の事例から考えると，我々に残されている時間は短いとして，最初の命題と二番目の伸びしろの大きい海外市場に注力することとした．

3.2　新しい世界ルールの展開

我々企業は常に新しい事業展開に創意工夫を重ね，一方，行政当局は消費者保護・行政ルールの確保等から，我々を規制すべく，ルールの強化を日夜図っている．医療機器分野の場合には，〝安全性・信頼性の確保〟〝公正な競争ルールの徹底〟等，美辞麗句が語られる．これらのルールは万民に課せられるものであるが，その早い時点で方向性を知り，取っかかりをつかまえた者には残念ながら一日の長がある．筆者の父は業界へのISO規格導入，そして作成への参画の必要性を50年前から主張していた．また祖父も業界ルールの構築，また製品規格の重要性を70年以上前から提唱しつつ実践して来ている．そして四代目の筆者も，ルールの問題に直面している．端的に言えば，製造・販売に関わる規制（欧州では，MDR：Medical Device Regulations），また海外との取引に関わる税制（OECDを中心に検討が進む移転価格税制）等が，今や欧州を中心として大きく変わりつつある．

これらの，我々の存続に深く関わるルール変更については，その変更を直接体験し，一日も早く対応できる手立てを確立しないと，我々中堅企業としても大きなマイナスを背負い込むことになり，また欧州のライバル企業に差をつけられる，との大きな危機感を感じている．グローバル競争とは，紳士的競争のハードルを高く，複雑にしつつ，フェアな戦いを，との強者の思惑が感じ取られる．そこで，このルール作りの現場に自ら参加することを決意した．

3.3 Digitalization

急速に進行するDigitalizationは，歯科分野においても，カスタマー（歯科医療従事者）の業務プロセスの改革・改善に活躍している．特に欧州は高コスト社会ゆえ，業務プロセスのデジタル化は受け入れやすい環境にあるとはいえ，この10年で大きくデジタル化が進行している．それ以前は中国に巨大歯科技工所を作り，それらを利用しての安価な補綴物（口腔内に装着する人工臓器，日本は薬事法で輸入不可）を欧州へ輸入するトレンドであったが，ここへきて大きく変化している．歯科技士の多くのプロセスのデジタル化が図られ，省力化が確実に実現している．また3D Printingについても，日本の産業界パワーが超精密切削加工機器分野で凌駕しつつあることから，海外では次なる新技術分野として3D Printingに，国も大学等の研究機関も注力した結果，欧米の開発・商業化のスピードが速く感じられる．このようなことから歯科におけるデジタル化の研究開発拠点としての欧州が立地の候補となった．

また我々の基幹業務を支えるERP[*1]については，我々が2000年以来導入しているシステムはドイツSAP社であり，直近に迎えるライセンスの更新時期への対応，業務のベンチマーキングの考え方の考察，我々自身のPrincipal Model等導入による，業務の複雑化及び量の拡大する海外業務のシンプル化の促進は，ベルギーとスイスを中心とする現地で取り組み，それをGCモデルとして世界へ展開しようと発想した．また世界業務の一気通貫を図る意味でもベンチマーキング等に柔軟なヨーロッパを突破口にするとも考えた．

今回の新型コロナウイルス問題では，各国のロックダウンを受け，ホームオフィス化を極めて短時間で実現し，Teams[*2]活用による会議等により，業務処理は大きな混乱もなく対応することができた．これは一人ひとりの業務内容が明確であり，IT化が進行している海外オフィス業務ゆえであった．

[*1] 企業経営の基本となるヒト・モノ・カネ・情報を適切に分配し有効活用する計画の考え方で基幹系情報システムを指す．

[*2] マイクロソフト社が提供しているグループウエアで，チーム内でのチャットやグループでの会議などチームでの活動に必要なツールが利用できる．

3.4 ステークホルダー視点に注目する海外研究機関・企業

我々は，1988年から〝企業品質の向上〞を提唱し，現在取り組んでいるVision 2021実現のKPIとして，五つのステークホルダーの皆様，各々にお役に立つ企業を標榜している．更に世の中では，2019年の株主至上主義[*3]の企業経営への批判の声が高まる中，我々としては，創業の原点の考え方である〝勤労資本＝出資資本〞という平等精神を再度明確にしなければならないとも考えている．

このように考えると，今世の中で提唱され始めたESG[*4]・SDGs[*5]の考えと，我々のステークホルダー満足度向上概念，〝企業品質の向上〞のコンセプトは，極めて近いものがあると考えている．海外ではESG的な視点からの投資判断，SDGsを経営の取り組みのゴールとして判断され，実際に企業運営の舵取りもこの方向に向かっている．

また我々の〝企業品質のレベルを知る〞について，日本の大学の研究機関等にカスタマーサーベイのあり方を相談しても，世界規模の調査への同意が得られないとの結論となり，残念ながら海外の研究機関，アーヘン工科大学に依頼する方向となった．

このように五つのステークホルダーの考え方，サーベイのあり方，そしてESG・SDGs思考が進む海外を考えると，我々のコン

[*3] 企業には，顧客，株主，従業員，取引先，社会など様々なステークホルダーがいる．その中でも企業は，株主の利益を一番に優先して行動すべきという考え方．

[*4] Environment（環境），Social（社会），Governance（ガバナンス）の略．

[*5] Sustainable Development Goals の略．「持続可能な開発目標」と訳される．

セプトの核は，海外におけるほうが容易に取り組めるものと期待もしている．

3.5 自分の生き様を示すために

“経営者にとっての最終章を如何にあるべきか”――筆者も60歳になったときに幾つかのシナリオを考えた．“まずは後継者の育成をし，しっかりバトンを渡すこと．そして自分の引退の在り方を明確に示すこと”と，ストーリーをまとめ上げた．そこで55歳から5年ごとのアクションを決め，75歳まで自分が生き長らえれば，ここで〝自分自身に御苦労様と言えること〟が最高の幸せと考えている．

さて日本は，明治維新以来，近代化すなわち西洋化を目指し，必死に取り組み，先輩諸氏の大変な努力により1980年代〝Japan as No.1〟と言われるところまで躍進してきた．しかしながらここ最近は，失われた20年・更には30年と言われ，GDP総額では，まだ世界第3位を誇るものの，人口一人当たりではアジアでも第4位（IMF，2019年）の地位にやっとしがみついていると言われている．ちょうどこの時期に，経営者の一人として活動した自分自身の結果が，社会に反映されず，極めて無念な気持ちである．

そして今や状況はより厳しくなっている．超高齢・人口減少社会，更には海外への留学生の減少等，我々の次世代・将来世代に明るい要素は残念ながら見い出せない．国自体が日本国のあり方を再設計し，いかなる特徴のある国とするかを定めるときである．さもないとG7・G20の立場も危ういと感じている．そこで筆者に考えつくことは，日本の未来のために自分一人では大きなことはできないが，少なくとも後ろ姿をお見せしようと，何らかの行動が必要であると準備していた計画の実行を決意した．2011年に起きた東日本大震災の直後であった．

筆者は正直なところ，何不自由ない，極めて幸せな人生を過ごすことができた．学生時代に留学もせず，会社でも駐在経験もなく，年6,7回の出張を繰り返すだけの，上辺だけの世界経験で生活してきた．しかし若い頃から必ずや海外生活をとの覚悟を決めていた．残念ながら65歳からの海外経験という大変な遅咲きであるが，その心には，これからの我々は〝和僑〟にならなければとの夢を抱いている．

第4章 GC 世界展開への背景

4.1 GC 世界展開——五つのステップ

筆者の心している一文として，“明日は必ず来る．そして，明日は今日と違う．そのとき，今日最強の企業といえども，未来に対する働きかけを行っていかなければ苦境に陥る．個性を失い，リーダーシップを失う”——これは P.F. ドラッカーの著書『チェンジ・リーダーの条件』（ダイヤモンド社）の一文であり，これを常に取り上げている．

2011 年の 90 周年イベントの前後から，今後の取り組みについていろいろと私考・思考を巡らせていた．そこで一番良いのは研究者の考えを繙くこととして二つの論文に巡り合った．

その一つは，クリストファー・A・バートレット，スマントラ・ゴシャールの著書『地球市場時代の企業戦略』（日本経済新聞出版）において，多国籍企業の国際戦略のパターンとしてまとめたものである．

表 4.1 は，グローバル企業・四つの組織形態と戦略の特徴を一表にしたものである．四つの組織形態と戦略を経て，最終的にネスレやユニリーバのように，本社が緩やかにガバナンスを効かせながら，現地組織に意思決定は委ね，確実に現地における市場ニーズを

近隣諸国とともに協力しながら把握し，海外子会社間のコミュニケーションも活発にしながら進めているトランスナショナル型組織形態のあり方が，自己変革を続ける組織の条件として進んでいくものと説いている．

表 4.1 四つの組織形態と戦略の特徴

戦略 組織形態	意思決定	市場ニーズ	本社・他国とのコミュニケーション	本社の統治	経営資源	ローカル適用度	商品スケールメリット
マルチナショナル	現地	現地収集	弱	緩やか	現地	高い	小
インターナショナル	やや本社	本社で収集	弱	強い	本社	高い	中
グローバル	本社	本社で収集	ナシ	強い	本社	低い	大
トランスナショナル	現地	隣国の同社と協力	活発	緩やか調整	現地	高い	―

グローバル企業・四つの組織形

筆者もスイスに居住することとなり，スイスという小国が，いかに存在感を確立しているのかを興味深く観察してみると，そこに集う人間の多様性・国際性，ルール・時間を守る規範の高さ，国民投票制度という民主性，競争をベースとする教育制度（入るは易し，出るは難し），歴史と伝統を尊重する慎重さを持ち合わせた，スイス人の特徴を知ることができる．もちろん人間ゆえ，多くのマイナス面も存在している．

ここスイスに巣立つ企業は，国内向けか，世界市場を目指すかに大きく分かれている．それゆえ世界市場をターゲットにした場合，96％が海外依存という，全く異なった基準で考える必要があり，このためにいろいろな創意工夫がなされている．したがって，同じ歯科業界のスイス企業を分析することは，ホームマーケットの縮小が予想される我々日本企業にとって，小さな市場で生き残る策を探る重要な研究対象である．この意味で，異業種である前記のトランスナショナル型のネスレを良きモデルとし，また同一業種ではリヒテンシュタインの企業を常にベンチマーキングしている．

もう一つ筆者が導入したのが，国際化の発展段階別に見た組織・人事の役割を説いた花田光世先生（慶應義塾大学教授）の考え方である．花田先生は，日本企業のグローバル戦略を支える国際人事に関して，現状を理論的に分析したところ，次の五つの発展段階が存在すると指摘している．輸出入中心段階・現地化中心段階・国際化中心段階・多国籍段階・グローバル段階の５段階に分類している．

花田先生は，我々が〝My Vision〟を提唱し，職場こそが自己実現の場と表していた頃，〝キャリア自律〟とは“組織のあり様の変化の中で，自分で自分の居場所やチャンスを，３年から５年の中長期的な視野で作っていく活動”であり，厳しく自分を鍛えていく運動で，表面的な自己満足を追い求めるための活動ではないとして，提唱され，筆者の考え方を表現してくださっていた．

そこでまずは人と組織が企業の発展を形作り，また企業の成長が人と組織を育むとして，上記の５段階に沿って次節（4.2 節）で，海外深耕化の道程を，年表形式に記載しつつたどってみることにした．

4.2 海外展開――五つのステップに関する年表

海外における事業を説明するに当たり，まずは単純な年表からスタートさせていただく．その理由は，現在我々が存在しているのは，今日までのいろいろなことがなされてきた結果である．現在とは過去と未来を隔てる単なる接点ではなく，過去がそこに流れ込み，未来がそこから形づくられていく重要な転換点と考えているからである．

そこで歩みをまずは実施された特記事項を中心とした年表を記載し，次の第5章ではその要点についての解説と鍵となった項目を中心に記載してみる．

4.2.1 輸出中心段階（1933～第二次世界大戦～1971年）

1933年
・朝鮮・満州への宣伝活動開始
朝鮮，満州歯科医学会への参加と取引先訪問

1935年
・輸出専任担当者の採用 →5.2.1 (1)
輸出用包装・説明書・供試品の作成と提供
パンフレット作製

1942年
・朝鮮海峡渡航中止，輸出がストップする．

1951年
・米国使節団，当社を視察 →5.2.1 (3), (5)

この折に米国標準局歯科部長のパッフェンバーガー博士に，再度来社を願いADA（アメリカ歯科医師会規格）の考え方，測定方法について直接の指導を得ている．

このときの使節団の考え方は，日本に歯科医療を確立するためには，そのベースとなる歯科器材の供給企業を育てることとの信念を有していたことである．このレポートが日本政府並びに歯科医師会に届き，業界の有用性を認識いただくこととなった．

・ブルーバンドシリーズ発売開始
　米国使節団来社直前に完成し，パッフェンバーガー博士直伝の製品試験を実施し，米国規格への適合・凌駕を確認した上での発表・販売にこぎつける．このブルーの意味するところは“青は藍より出でて藍より青し”（荀子）で，弟子が師よりも優れていることを表現した．

1955年
春 ・敏男専務・研究所長米国視察旅行へ（2か月間） →5.2.1(5)
　パッフェンバーガー博士の御厚意で．
秋 ・第1回東南アジア歯科視察団に参加 →5.2.1(2),(3)

1957年 ・FDI（国際歯科連盟）ローマ大会展示 →5.2.1(2)

1959年 ・ADA 100年祭学会（アメリカで最初の展示）

1961年 ・GC友の会・5周年記念講演会
（パッフェンバーガー博士・ドイツ フィッシャー教授）

1964年 〔清〕
・FDI規格委員会アジア地区メーカー代表に →5.2.2(4)

1971年
3月 ・GC創業50周年記念式典 →5.2.2
　初めて海外代理店6社を招待する（ベルギー・イギリス・アメリカ・オーストラリア・台湾・韓国）．その後英国を除く5社は，GCの成長に多岐にわたり，大きな影響を及ぼしている．ベルギーは初代ヨーロッパ支店長に．アメリカは筆者の最初のアメリカ旅行の手助けを，その後会社を売却．オーストラリアはADA規格のGC製品の成績を評価して，取り扱いを開始し，その後筆者の新婚旅行で，国際競争のあり方を示唆いただく．2017年にはオーストラリア進出50周年を同社としても祝している．現在ではGCがNo.1のシェアを獲得している．台湾は合弁会社の設立を経てGC台湾のベースに．韓国も特約店制度の創出・その後のGC Koreaへの引継ぎ等．
12月 ・貿易会社，GC International設立

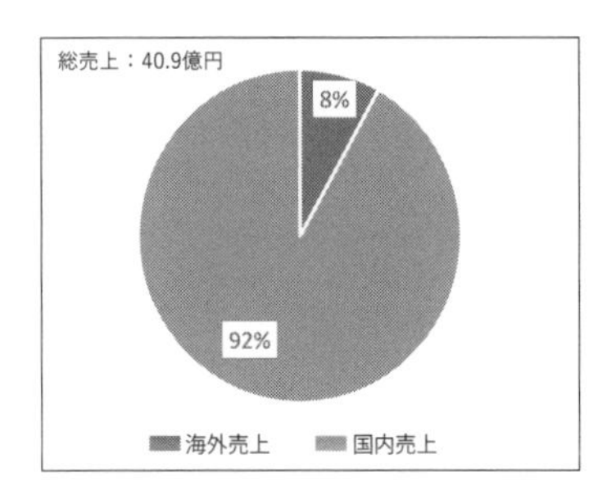

図4.1　海外売上高比率（1971年）

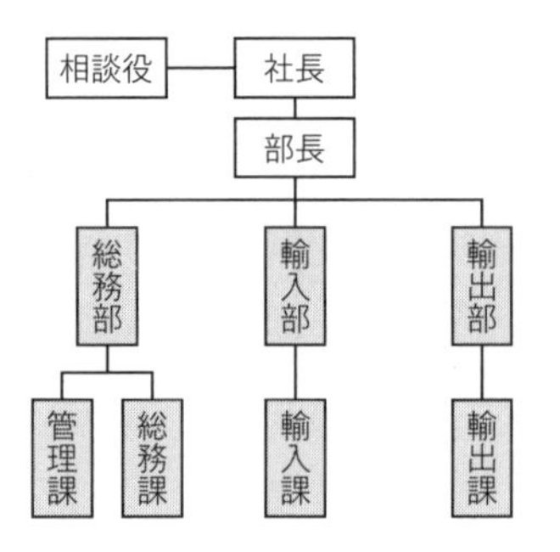

図4.2　GCI組織図（1971年）

4.2.2　現地化段階（1972～1982年）

いよいよ海外進出を本格化しようと足がかりを設け，学会・展示会等への参加を積極的に進めたときである．筆者も1972年頃から海外業務に関わりを持つようになり，1978年の海外調査レポートで，直接進出の必要性を強調している．

1972年

・GCIヨーロッパ支店開設　→5.2.2，5.2.2 (2)

　ベルギー・コートレイク市に開設，50周年記念式典にも招待されたプットマン代理店社長を支店長に迎える．氏はGCがFDIローマ大会展示以来，極めてGCに協力的であり，ベルギー市場でのGCシェア獲得の実績を上げていた．

　最初のなかまとして技工士の資格を持つHenri Guns氏が入社し，なかま4人という小さな組織でのスタート．このGuns氏の息子もGCEのCFOとして永年勤続賞を獲得している．

・敏男と眞がアメリカのコングロマリットの歯科部門との提携交渉で米国シカゴへ

1973年

・アメリカからMidwest American製品を輸入

1978年

〔眞〕

・為替対策を含めた海外日本企業の現地実態調査　→5.2.2 (5)

　この調査報告書をベースに，これ以降，展示会・学会等への出張が大幅に増加する．

1979年

・パリにおけるFDI大会に積極展示（7名出張）

1980年

・ISO/TC106の正式メンバーとなる　→5.2.2 (4)

　ISO会議について，敏男は製品規格の制定に日本が参加できないのは，国際競争力確保の上でも問題であり，またユーザーの皆様の利便性の意味でも，発言権を確保するとの確信から，正式メンバー入りを打診していた．

1981年

・GCIアメリカ支店開設　→5.2.2 (3)

　上記輸入先からの紹介により支店長を採用．

・ADTA（アメリカ歯科商工会）の正式メンバーとなる　→5.2.3 (4)

1982年

・敏男，FDIウィーン大会の帰途，ベルギーのルーベン市ハウスロードのヨーロッパ支店候補地を視察

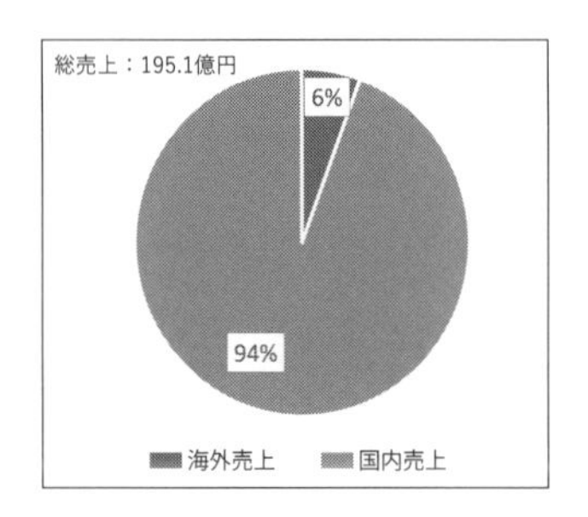

図 4.3　海外売上高比率（1982年）

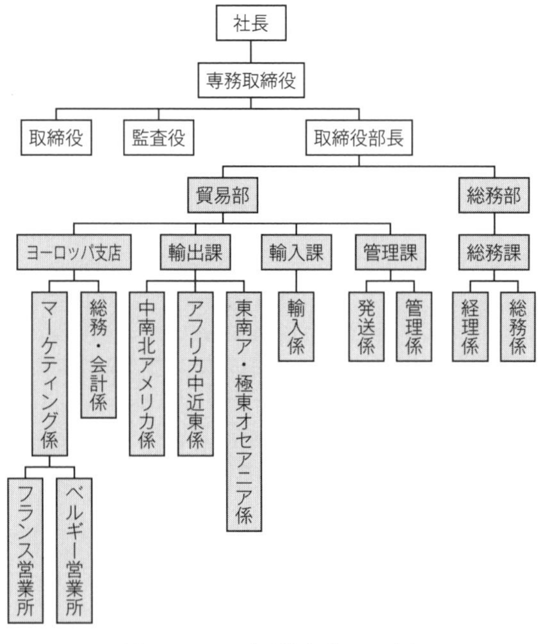

図 4.4　GCI組織図（1982年）

4.2.3　国際化段階（1983～1991 年）

現地への資金投資のスタートと，各地域での 3 重点主義の基本展開，本格的買収の成功と運営開始，そして世界的イメージの統一を目指しての CI の導入と，大変忙しい 8 年間であった．

筆者が 1983 年に社長就任してから，父の遺業である“国際化を促進させる”と，真の世界展開を図った時期でもあり，若さと行動力により成し得たものである．

1983 年 10 月	・FDI 東京大会・ISO 大磯大会開催　→ 5.2.3 故・敏男の心持ちを理解する FDI 理事の全員が，“眞を元気づけよう！”と各種のイベント，更には目黒の自宅のパーティーに参加し，盛んに眞を勇気づけてくださる．これにより GC 社員の不安な気持ちも(敏男が 7 月に逝去し 4 か月足らずの時）解消した．
1984 年　4 月	・GCI ヨーロッパ支店地鎮祭　→ 5.2.3 (1)
10 月	・GCI ヨーロッパ支店竣工式　→ 5.2.3 (1) 1982 年に敏男が用地取得を決意し，1984 年に筆者が新米社長として，前社長の遺志を継承して地鎮祭を執り行い，ベルギー政府関係者・FDI 会長等をお招きしてのイベントを挙行した．多くの有力各位に参列いただき，大変前向きなオープニングイベントとなった．
1986 年 10 月	・ドイツ支店開設
1987 年　5 月	・GC Korea 開設　→ 5.2.3 (2)
1988 年 10 月	・台湾而至有限公司設立　→ 5.2.3 (2) ・香港支店開設 香港支店は，その後中国移管等から閉鎖に至っている．
1989 年 6 月	・ベルギーにヨーロッパ工場竣工とヨーロッパ製品初出荷　→ 5.2.3 (1)

	GCとして最初の海外生産工場として，原料調達・輸送コスト等に重点を置いた選択肢から，GC Vestの製造が決定した．
1990年 2月	・業界団体IDM（International Dental Manufacturers）設立 →5.2.3 (4)
5月	・Coe Laboratories買収 →5.2.3 (3)
1991年 3月	・創業70周年記念式典，CIの披露 →5.2.3 (5)
	・国際特約店総会開催

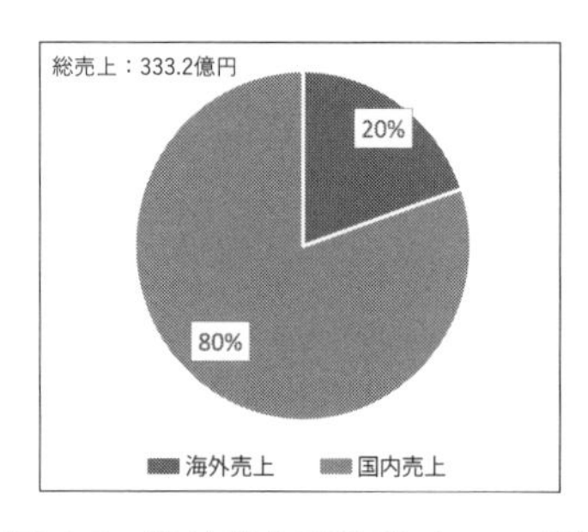

図4.5 海外売上高比率（1991年）

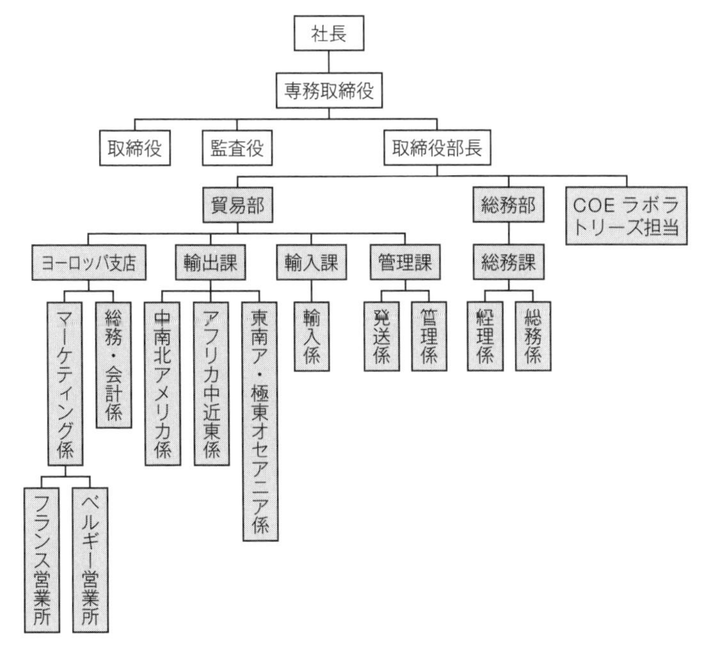

図 4.6　GCI 組織図（1991 年）

4.2.4　多国籍化段階（1992～2011 年）

日本（東アジア）・欧州・米国・アジアで各地域特性に合わせ，各地域本部を核として活動を展開した時期．大変高い経営目標値（特に売上高）を掲げ，Vision 2021 の実現を目指した．

(1)　各地域機能の拡充

1992 年　1 月	・地域統括会社 GC America Inc. とする． GCI USA 支店と買収先 Coe Laboratories と合体

	→ 5.2.4 (1)
1994年 2月	・GC Asiaをシンガポールに設立 東南アジア・豪州の統括拠点とする　→ 5.2.4 (1)
	・GCE SAルクセンブルク設立　→ 5.2.4 (1)
3月	・GCヨーロッパ工場第2工場竣工
4月	・GC Internationalから輸出関係をGCC新設の海外事業本部へ
7月	・世界口腔保健学術大会でオフィシャルサポーターとなり,〝口腔保健年〟キャンペーンを精力的に展開
11月	・ISO 9001日本認証取得　→ 5.2.4 (2) (a)
12月	・ISO 9002ベルギー認証取得　→ 5.2.4 (2) (a)
1995年 4月	・眞がベルギーへの経済・雇用面で永年にわたり貢献したとして,〝コマンドール章〟叙勲
6月	・GCAがISO 9001認証取得　→ 5.2.4 (2) (a)
1996年 3月	・第1回国際歯科シンポジウム開催　→ 5.2.4 (2) (d) 我々のカスタマーとの距離を知る意味で,シンポジウムを企画し,運営力(企画内容)を知り,また動員力を計る意味で開催した.またライバル企業が海外出版社と協同して日本でのシンポジウムを成功させるとの企画が登場し,日本企業として受けて立つとの姿勢を示すためでもある.
9月	・眞,アメリカ歯科医師会名誉会員に選出される. 1951年のアメリカ歯科医師会使節団の来日,1953年の敏男・研究所長の米国事情視察の御礼の気持ちを胸に,常にアメリカ歯科医師会会長を訪問していた.
10月	・GCC海外事業本部 → 海外事業部へ
1997年 6月	・ドイツ有力歯科機械メーカーSiemensの買収に参画 現地で実施調査を実行,先方の労働組合とも接触し,真摯なオファーを行うが,M&Aの真の世界を教えられつつ,見事に敗退,しかしいろいろなことを学ぶ.
1998年 6月	・PM(フィンランド)と共同開発事業をスタート
7月	・ベルギー　ルーベン・カトリック大学に〝中尾敏男講

	座″開設 本講座より数々の実験データが発表され，世界の評価も極めて高くなっている．また日本からの留学生も多く，その後日本での教授職に就任する道筋ができあがる．
	・IADR（国際歯科研究学会）中尾敏男賞創設
9月	・海外事業部から国際部に名称変更　→ 5.2.4 (3)
1999年　9月	・ERP 導入し，R/3 稼働する． (日本・ベルギー・アメリカ)
2000年　4月	・北京オフィス開設 中国事情を把握する意味で事務所を開設する．
11月	・GCC デミング賞実施賞受賞
2001年　6月	・国際シンポジウムの開催 IADR 第79回総会を幕張で開催．GC 友の会会員向けの特別サービスを実施する．
9月	米国（3月）・ドイツ・FDI 大会マレーシア（9月）でも国際シンポジウムを開催するが，動員力ははかばかしくない　→ 5.2.4 (2) (d)
10月	・GCA ロジスティクスセンターオープン
	・デミング賞受賞時の指摘事項への強化策実施，機能別管理の強化に着手
	・GC Korea で GCC の成功事例である GC 友の会を立上げ
2002年　3月	・GCE ロジスティクスセンターオープン
2003年　4月	・GC 台湾で韓国に続き GC 友の会を立上げ
10月	・蘇州工場竣工
12月	・GC 上海設立（販売部門）
2004年　9月	・GCE，日本に続き ISO 14001 認証取得
6月	・グローバルファイナンシャル会議を開催 以降，毎年海外の事業結果の報告を受けている．
2005年　2月	・GC 蘇州 ISO 13485，ISO 9001 認証取得

(2)　GQM活動の輪を世界へ

2006年11月	・GCE最初のEFQM表彰を受ける．
2007年	・GC Brazil設立
2008年　2月	・Klema社を買収
	・GC Tech Europe開設
9月	・GCE Campusのオープン 日本のR&D Centerの建築コンセプト“Communication Loop”を展開した．本格的なカスタマーの研修センターをオープン，非常に好評を博し，今後の世界展開を決意する．
2009年12月	・初の外国人のGCC取締役誕生　→5.2.4 (4) GCE社長のヘンリー・レン氏をGCCの取締役として迎え，国際事業担当に任命．
2010年11月	・GC蘇州がデミング賞受賞 中国企業として初めてのデミング賞受賞であり，GCグループとしても初の海外での受賞
	・原料調達の関係から石膏GCAへトランスプラント 富士小山第一工場跡地を機械製品専用工場とする．
2011年	・GC Corporate Center（世界本社・研修施設）オープン
	・『ジーシーのこころ』初版発刊　→5.2.4 (5)
	・第1回海外中尾塾　→5.2.4 (5)
	・90周年創業記念日挙行，Vision 2021宣言
	・3月11日，GCCCオープン記念式典当日，東日本大震災発生
	・Restore Japanキャンペーンを世界で実施
	・Stick Tech社を買収
10月	・GCE EFQM　Recognized for excellence の 5 Stars認定
11月	・モーツァルトプロジェクトを始動 マルチナショナル化推進拠点としてオーストリアを候補地として設立活動を開始

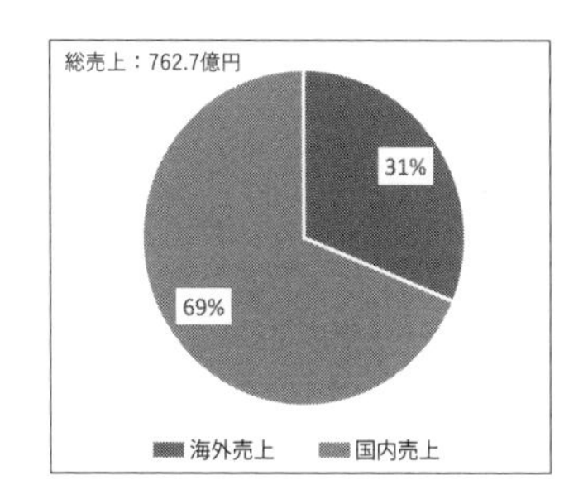

図 4.7　海外売上高比率（2011 年）

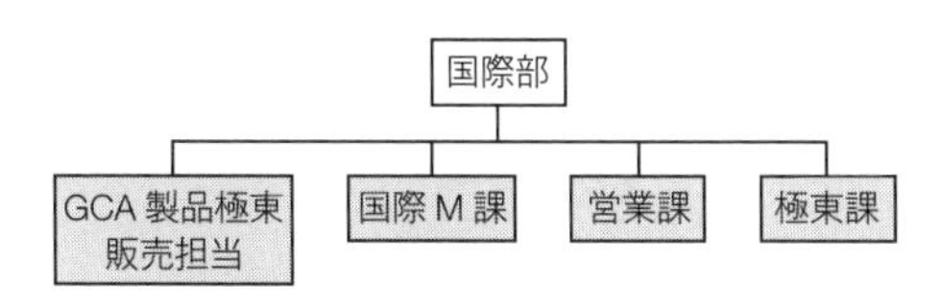

図 4.8　国際部の組織図（2011 年）

4.2.5　マルチナショナル化段階（2012 年～）

(1)　設立と組織化

2012 年　6 月｜・スイス 3 都市視察の旅

7 月｜・GCIAG 創立構想を夏期取締役合宿で決定
　モーツァルトプロジェクトから S プロに名称変更

9 月｜・R&D Center 途中 2 期工事を経て正式オープン
・社内に GCIAG 設立を発表し，人材を公募する（その直後に応募者の増加に伴い即中止）

2013 年

2 月 5 日｜・GCIAG 設立　→ 5.2.5 (1)
　スイス・ルツェルン市に設立登記．4 月のスタートを目指し，スイス側第 1 陣の人材採用（3 人）・オフィスの選定，日本側第 1 陣（5 人）の住宅探しを実施した．

9月9日
・GCIAG正式オープン　→5.2.5 (2)
　FDI会長Da Silva氏，元FDI会長Erni氏，Luzern市長Roth氏等から祝辞をいただく．またヨーロッパ進出の恩人でもあるSchärer先生の奥様・ベルン大学歯学部長等にも御参加いただき，新設企業にもかかわらず人脈の豊富さに，参加者の皆様から祝意を表される．
　海外事業推進の筆者の右腕であったヘンリー・レン氏を副社長として重用した．同氏からは“久しぶりに会社設立から細かい書類まで作成し，フレッシュな気持ちを思い出した”と．

10月1日
・GCC取締役会長就任，潔貴が第五代社長に．
・GCEのAdministration Centerがオープン
　今までのGCのヨーロッパ総本社として活動していた自分たちの欧州に，スイスが新たに誕生して複雑な感情を招来している．あくまでも欧州の生産・ロジスティクス・営業の拠点としての機能は存在しても，マインドは？
・GC Asiaインド工場が稼働
・眞，12月の株主総会で代表取締役を外れ，住民票等も完全にスイスへ．
　眞・65歳からの会社へ貢献できることは，〝海外事業〟として，また本社業務を完全に潔貴社長に任せる意味で海外移住を実行した．
　一日も早いGCIAG業務の確立をと考え，輸出管理業務のスイスへの移管及び，財務・会計制度の確立を急いだ．またGCIAGグループ内の意識を鮮明にするため，GC保有の海外グループ会社株式を，GCIAG名義に変更するとともに，GCIAG 5か年計画の策定を開始した．また秋には日本から第2陣（5人）を受け入れるとともに，営業の責任者をGCEからの異動とした．

2014年　1月
・初めてのLuzernグローバル会議を開催　→5.2.5 (2)

	機能を中心とした5か年中期経営計画の共有化を狙いとした.
5月	・A-tronを買収する →5.2.5 (2) デジタル分野の強化を狙っての企業買収
11月	・GCAがデミング賞受賞 2005年の活動開始から長い道程であったが，米国企業として4番目となる. ・戦略的投資品目3品目に投資開始 (GCIAGが開発・商品化に関わる権利を有し，開発コストは全額負担するとの考え方)
2015年 3月	・FDIとのTask Force立上げ 〝Oral Health for an Aging Population〟の設立とパートナーシップを宣言する.
4月	・Principal Model Iを立上げ →5.2.5 (2) スイスがロジスティクスに関する量管理・価格設定・為替リスク等の主要業務を担うとともに，海外発売新製品開発に関するコストを分担するとの考え方を実施した.
10月	・GCC分社化制度スタート 本社・ロジスティクス・営業機能とR&D・生産機能を分割管理する体制へ. これは各機能の明確化を図り，機能の最適化を目指したいという筆者の構想の具現化. ・GC Laboratory Europeのスタート これは，3D製品開発拠点をベルギーに設置し，開発・製造を促進するとの狙い.
2016年 2月	・『95 Years・History Book』を配布 従来60・80年史は存在していたが，海外社員の社史の理解を図るための資料が不足していたとの理解から，歴史的な歩みの共有化を図るとの意図と，各オペレーションの歴史も遺すとの考えから編集. ・創業95周年式典とKI世界大会を東京で開催 Vision 2021に関するKPIを披露.

・潔貴社長，IDM[*1] 会長に就任

日本人としては4人目，中尾家としては2人目

4月 ・GCIAG Principal Model Ⅱ導入 → 5.2.5 (3)

GCCに学んで，オペレーションの機能を分割し，企業分社化を図った．特に製造会社はGCIAGの委託先モデルとなる．

Principal Modelを立ち上げたものの，ベルギーの現場には不具合・不満の声も多く，数々の経営指標にも改善の傾向が見られなかった．Principal Model Ⅱbへの移行は見合わせ，Ⅲへの移行を決断せざるを得なかった．

5月 ・社員満足度調査・世界統一指標の開始

日本企業の弱さは，人事制度の一体化が図られないことと指摘されているが，この解消の第一弾として実行する．

6月 ・FDIとのタスクフォース第1回OHAPルツェルン会議開催

10月 ・EFQMからGCE Excellence Award受賞

〝GCのこころ〟教育の徹底による日本とヨーロッパ文化の融合を高く評価いただく．

11月 ・GC第9回〝企業の品質経営度調査〟で第1位

“KI世界大会での国内外のグループ会社社員に改善事例の共有化を進め，相互啓発につなげた”ことなどを評価いただく．

2017年 2月 ・GCIAG IADRとBrainstorming会を開催

日本歯科医師会が日本のテーマとして掲げた〝生きる力を支える医療〟のコンセプトを世界に広め，日本の歯科医療の特長を世界に広める意味で，研究者の世界の有識者の意見を集約し，順次活動を拡大しようと

[*1] 国際歯科製造者連盟．歯科用器材の発展を通して世界の歯科医療の向上に寄与することを目的として1990年に創設され，筆者は日本人初の会長となる．

考えた.

3月　・IADR サンフランシスコ大会で，老人歯科医療グループシンポジウムを支援.

・Luzerner Zeitung に GC の経営が紹介される.

5月　・GCIAG　眞がフィンランド・トゥルク大学から名誉博士号を授与される.

7月　・GCA イリノイ大学シカゴ校歯学部に，清　高齢者研究基金を設立.

11月　・GCA E7（新興 7 か国）市場向けの施策

日本から現地ディーラーへの直送を開始.

・Customer Survey の第 1 回結果発表

Vision KPI として 8 項目が設定されている Customer と Partner（Distribution）に関するデータが，アーヘン工科大学の集計とコメントがまとまったもの.

2017 年は日本の〝Kamlier〞コンセプトがスイスの料理雑誌及び国営 TV 放送局から発信される等，高齢者と日本のイメージが次第に育まれてくる.

2018年　4月　・Principal Model Ⅲスタート　→ 5.2.5 (3)

Buy・Sell モデルを 四つの販売拠点（ドイツ・フランス・英国・イタリア）に展開し，単独で収益確保に努力する独立採算モデルを導入した.

・Project Henka キックオフ

1999 年に導入した ERP を更にグループワイドで活用することと，SAP 社のバージョン変更へ対応すべく，まずは GCE の Principal Model への対応を目指して，GCIAG を世界の核として立ち上げた.

6月　・Tages Anzeiger の経済面に GC が紹介される.

9月　・Foundation Nakao for Worldwide Oral Health をルツェルンに設立.　→ 5.2.5 (3)

10月　・横浜の World Dental Show で新ブースデザイン発表

100 周年を機に，世界での GC イメージ刷新を狙って，建築家・隈研吾氏デザインの〝Ireko〞を発表する．今後このデザインを世界で使用することに．

12月　・ライバル企業による米国 ITC 訴訟に勝訴

業界としては極めて稀な米国 ITC（International Trade Commission：国際貿易委員会）訴訟をしかけられる．両社とも巨額の訴訟費用を正に浪費することに．必要ない資金を投じることになったと相手側を厳しく批判する．

2019年　1月　・Shinka Project の立上げ　→ 5.2.5 (3)

3月　・GCIAG オフィスの移転　→ 5.2.5 (3)

最初のオフィスが手狭になったため，6倍強の広さのオフィスに引っ越す．

4月　・潔貴が GCIAG CEO にも就任　→ 5.2.5 (4)

筆者は Chairman of the Board となり，日常業務には口を出さず財団等の活動へシフト．

・財団の第1回 Foundation Board 開催　→ 5.2.5 (4)

ルツェルンで開催し，今後の財団の方向性・運営法を決定する．

6月　・財団の第1回 Management Board 開催

IADR バンクーバー大会で開催し，助成金の審査プロセスを決定する．

・グローバル会議東京，年度方針の考え方の改革

日本及びグローバル CEO のスタートに基づき，CEO 業務の見直しと，会社方針の策定方法の改革を図り，グループ方針として明示することとした．

7月　・GC America　新オフィス・研修棟・ロジスティクスセンターのオープン

業容の拡大とともにスペース不足から，本社事務部門・工場・配送センターの3か所に分散していたものを，工場部門の隣接地の売却の話から効率・モチベーション向上を考え，一体化計画を実行した．これに伴い研修施設の拡充も大きな狙いとした．

10月　・EFQM Global Excellence Award を受賞

GQM 活動をスタートして14年にして，ヨーロッ

パ1位との一つの目標をクリアすることができた．日本・中国・アメリカに続く栄誉である．

12月　・GC　Roundtable Switzerland の開催
　スイスにおけるカスタマーの皆様に最新の治療法についてマスターいただくためのセミナー・ハンズオンコースを企画した．また我々自身も本社の人間としてカスタマーとの接点作りも意図した．

2020年　3月　・スイス政府新型コロナウイルス対策のためにロックダウンを発令，ホームオフィス化実施　→ 5.2.5 (4)

4月　・GCC/GCIAG の経営幹部による New Vision Committee 発足

9月　・Foundation Nakao 第2回助成金の募集を開始

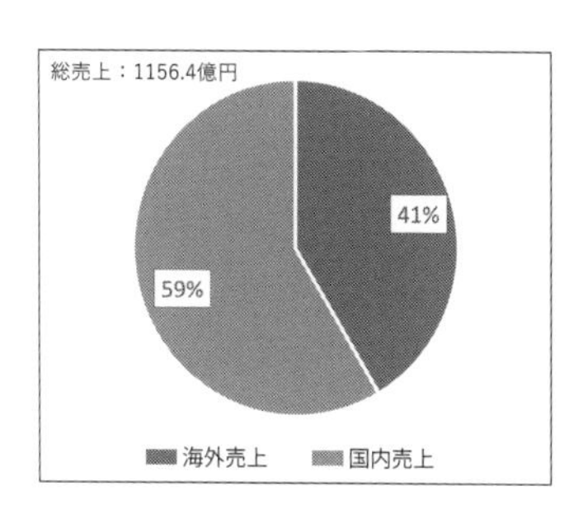

図 4.9　海外売上高比率（2019年）

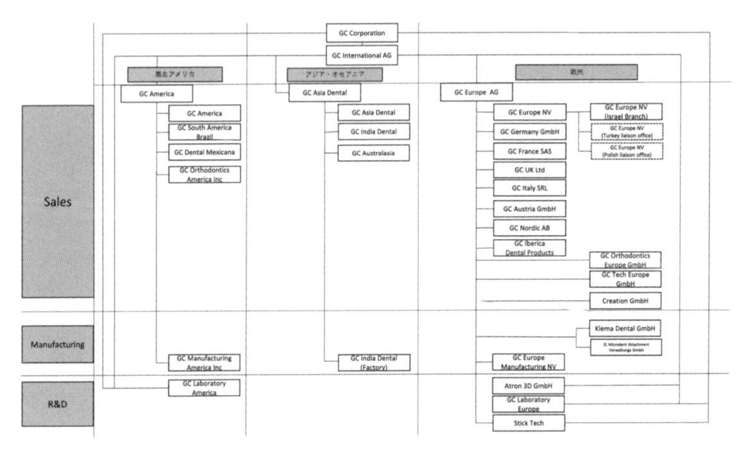

図 4.10　GCIAG グループ組織図（2020 年）

参考文献

1)　クリストファー・A・バートレット，スマントラ・ゴシャール著，吉原秀樹監訳(1990)：地球市場時代の企業戦略―トランスナショナル・マネジメントの構築，日本経済新聞社

2)　花田光世(1988)：グローバリゼーション　グローバリゼーションを支える組織・人事開発法―国際化の発展段階別に見た組織・人事の役割(上)，ダイヤモンド・ハーバード・ビジネス，Vol.13，No.4，pp.55-64

第5章 GC五つのステップ——要点とハイライト

5.1 GC世界展開五つのステップ——年表からの要点

企業の業種，ポジショニング，規模等により，海外の市場へのアプローチは大きく異なることは承知の上で，あえて当社の海外事業活動を年表として記載したのが前章である．

この章では，海外展開のために，経営者として自己確認すべき8項目と，五つのステップにおける主要事項を5項目ずつ記してみたい．

5.1.1 経営者としての自己確認事項

海外に進出するか否かは，経営上極めて重要な経営判断であり，その決断のときに，経営者として自己確認すべき事項を8項目取り上げておきたい．

① まずは経営者としての覚悟である．市場を世界に求めることは，並大抵では実現できるものではなく，自分自身の才覚と語学力を冷静に考えることが最重要である．その上で会社の経営状態を冷静に見つめ，自分の右腕の存在も確認したい．なおこの場合には，家族，特に奥様の理解も必要である（特に西欧社会は夫婦を一単位として考え，同時に評価される．）．

②　次に明確にしておかなければならないことは，なぜに海外進出を考えているかのストーリーづくりである．進出のためには資金面でのリスクを伴うこととなり，短くて数年，多くの場合は5年程度の赤字を覚悟する必要がある．当然社内には反対意見が存在し，その勢力が事業不振を訴える可能性が増大する．この反対意見には，変化を望まず，安定した日々を望む社員が賛同する可能性が高く，少なくとも50％の社員が反対と読むべきである．場合によっては70％が不賛成の場合があると考えなければならない．また多くの社員は変化を嫌うことが多いゆえに，経営者自身の理論武装と覚悟が絶対に必要である．自分自身は海外の比重を多くするとして，自分の右腕にも大きな負担となることを覚悟することを求めたい．

③　その上で再度SWOT分析等の，上記の理論武装の助けとなるような分析を図り，自分の強味と弱味を認識しておくことが重要である．と同時に社内の理解を得る準備が必要である．この場合，コアになるのは自分たちの提供できる商品・サービスであり，その世界競争力である．ここに大きな特徴を見い出し，それらを物語ることである．そして最後は自分でストーリーをまとめ上げ，常に同じストーリーを語れるようにならなければならない．

④　相手側（海外サイド）から見ると，必ずや〝日本の企業〟と見なすということである．どのように優れた商品・サービスであろうと，まずは〝日本企業〟という目で見られ，判断をされることを覚悟しなければならない．幸いなことに最近では“品質の良い”とのイメージが先行しているものの，日本企業は“判断のタイミン

グが遅い”との風評が増幅しつつあることと，〝失われた30年〟というイメージから判断されることを予想しておかなければならない．これは我々の価値基準ではなく，現地目線からの判断が必要である．現在では自社の実力以外では〝日本企業である〟との高い評価，好印象を得ることは難しいとの覚悟が必要である．ここでのポイントは，自社の実力である．ここは自社が他のライバルと何が違うのかを，明確にストレートに説明することである．これは上記③のストーリーの骨格が勝負となる．

⑤　第5点目として，中堅・中小企業としては，海外へ業務を拡大するときの，次なる要は若手のヤル気である．自ら現地赴任を申し出る気概がどれほどの人数存在するかが，次なるステップ拡大の要員となるゆえに，立ち上がり段階から参画させるのが望ましい．当然事前の自己申告等に明示させ，本人の能力把握を準備した上で，トップが夢を語り，自らの立候補を待つことである．当社の場合も，現地での若手の活躍は，新しい〝しくみ〟づくり等に力が発揮されている．また確実に将来の幹部養成へとつながっているとも確信している．

⑥　成熟マーケットに進出を考える場合には，何事もフェアであり，オープンである姿勢で臨むことが必要である．相手は我々を外国人だからと配慮してくれることはなく，心の底ではお客様とは考えてはいない．しかし対等な相手であると見なして接してくるはずである．最初の態度が重要であり，この最初の態度が後々に大きな負担を生むことがある．ここは，お互いにフェアで臨もうとの姿勢を崩しては駄目である．言葉は30～40％の理解でも，態度・反応

等で大方読み取れるものであり，同時に読まれていると考えなければならない．“何事もフェアで！”

⑦　海外に進出したからには，その国・地域の皆様のお役に立つことを，常に第一として考えるべきである．このときに“日本のために”“日本では……”と考えるのは，高い障壁を立てるだけであり，正に禁句である．また努力して業界団体・地域組合等に積極的に参加し，“何かお手伝いできないか”を模索すべきである．

⑧　そして8番目は，戦略・戦術を策定するに当たっては，常に弱者の立場に立って，謙虚な姿勢を貫くことが重要である．この謙虚な姿勢を，多くの人は注意深く観察しているものである．

上記8項目に納得が行かれたならば，再度海外事業計画書の策定に着手し，3年できれば5年スパンで数字を算出していただきたい．この場合，商品別に販売数量を楽観値と悲観値の両局面を想定しながら着手されるとベター．その上で損益分岐点を基本にシミュレーションを行っていただきたい．ここまではトップ自ら検討することが望ましい．この時点で確信が得られれば，いよいよ取締役会への上程である．ここは変化を恐れる声が支配的であるのが普通であり，できるだけ質問には丁寧に答え，数度の取締役会審議を覚悟すべきである．

5.2　GC五つのステップ各段階のハイライト

今まで，当社の中堅企業としての〝真のグローバル企業を目指す

5段階の歩み″を説明してきた．ここでそのプロセスごとの要点を記し，グローバル化の歩みを整理してみたい．

5.2.1　輸出中心段階

(1)　経営者の覚悟と初歩的準備作業の開始

当社の輸出は早くも1933年に立ち上がっている．これは創業者の企業設立当初の社名の考え方にも表れているが，General Chemical Laboratoriesと，英語表記をまず考えていることからも理解できる．創業者が“日本の中小企業は輸出によって発展する以外に事業拡大の道はない”との考え方のもと，国内市場が軌道に乗るとともに，輸出の手がかりを探り当てている．

まずは語学ができる人間の採用と，市場を知る努力の第一歩を印すことである．当社の場合は，輸出専任担当者として，創業者の大学時代の先輩の1935年入社からスタートしている．

次に，自分の足元を見つめ，自分たちの強味・弱味を社内で確認しつつ，マーケティングの4P（Product，Price，Promotion，Place）分析に従い，商品・価格の可能性を探ることである．ここで自分の強味と海外で可能性がある商品とのリンクが認められれば，大きな可能性が生まれる．その上で輸出用に包装，説明書，パンフレット・供試品の準備を進めることである．

当社の当初の実売上高は，日本国の進出先が中心であり，朝鮮半島並びに中国・台湾への輸出，その他の地区は発注依頼状とともに，サンプル・パンフレット等を木箱に入れて，海外の歯科材料商に送り届けるという，正に〝闇夜に鉄砲″の感であったが，先方からの反響も数々あったと聞いている．しかしながら開戦に伴い，残念ながら海外市場を全く失ってしまうことになる．

前にも記述したが，海外進出は，会社の命運をかけることになる．社内各部署にも，海外業務の負荷を追加で強いることになり，処遇面のプラスがない中，不満の温床になりやすい．それゆえトップの覚悟と，経営陣の強い決意が絶対である．またその後もブレないことである．

(2)　海外の催し物への参加――第二次大戦前の朝鮮・満州での学会への定期参加，戦後のアジア歯科学会への積極的なお手伝い

まず取り組みやすいのが，該当業界の海外有力展示会等を把握することで，これは業界を知る上で極めて有力である．実際にこの展示会に足を運び，各社の展示商品の分析から，当該市場の特性を知るとともに，何らかの突破口を見い出すことである．

戦後の日本は，復興への熱気もすさまじく，歯科界も，学会・歯科医師会，更には業界を挙げて活動するとの息吹が強かった．その中でアジアの国との連携が注目され，1955年にアジア太平洋学会が開催され，当社はこれに積極的に参加している．そして早くも1957年にはFDI（国際歯科連盟）のローマ年次総会に参加し，海外の状況把握を行っている．

ここでのポイントは，そのときの機運に乗ることの重要性である．この気運を感じ取り，提案を受けられるようにしておくことは，何も海外ビジネスだけに必要なことではなく，一時が万事必要

な心持ちである．この学会に参加したアジアの有力者の先生方とのパイプをつなげ，それらを太くすることに時間を費やしている．その結果，現地の有力取扱店を紹介いただいたり，その後に続く人脈へとつながっている．

このように地道ながら，継続することが大切である．人は必ず我々の行いを見ており，数年後にそれらが花開いてくるとの経験を多数有している．

(3)　エビデンス作り

医療機器の分野では，何と言ってもエビデンスが必要である．当社の場合は，第二次世界大戦後，ADA 規格[*1]を凌駕するとの気概で取り組み，この試験結果をキッチリと整備することにより，エビデンス化を図っている．この商品とエビデンスをそろえることが，まずは第一である．この意味で何がエビデンスに成り得るかを知ることが鍵となる．

当社の場合は，アメリカに負けたとの気持ちから，アメリカの規格を越えようとの意欲で，American Standard を越える，自社標準を作るとの意気込みで，開発から，そして製造へと展開した．

(4)　人

そして大きな課題は人材である．幸いなことに現在では英語を話せる人が非常に増えているとの印象であるが，英語使いではなく，

[*1] 歯科材料に関するアメリカ歯科医師会規格で国際的な規範となる権威あるもので，従来からアメリカの歯科材料の品質向上に大きく寄与した．

明るい性格で前向きな人が望ましいと感じている．ここは社外の人間の活用と，社内ネットワークの組合せにより，プロジェクト等の立ち上げが最も近道である．なお担当役員は，できればトップ自身又はNo.2の会社責任者のリーダーが望ましいと考える．当社の場合は，社交的な敏男が担当し，その後筆者が引き継ぎ，義理の息子へとなった．

(5)　人　脈

前にも述べたように，どの業界も同様かと思われるが，人脈を大切にすることが，その後につながることを強く意識すべきである．我々の業界でも学者・医師・業界人，いずれも親子代々・お弟子さん等の多くのつながりで構成されている．それゆえ，自分自身が感じることがあった方には，できるだけ知己を得る最善の努力をすべきである．

1951年の米国使節団の来社と，パッフェンバーガー博士の献身的な指導により，ADA規格の考え方・試験を学んだ．その結果，心強いエビデンスを作ることができた．また海外に留学した先生方の指導を受け，貴重なアドバイスを受けている．日本から留学している先生をご紹介いただき，この先生方からいろいろとアドバイスをいただいている．戦後の留学先は一流大学が多く，また現地の先生方も敗戦国日本の人たちとの理解から，親身になっていろいろと相談に乗ってもらった由である．現在では環境が大きく変わっているものの，世界で活躍するドクター（Dr.）は，多くの場合，親分肌の方々が多く，ここはやはりいろいろと相談すべきである．

なお，この第一段階の先生方の人脈は，それから50年後の今日も次世代に引き継がれ，交流が続いている．

5.2.2　現地化段階

当社では1971年の創業50周年記念式典に際し，清が述べた“日本のこれからの低成長経済時代に対応すべく，新市場への進出が必要”との言葉を実践すべく，貿易会社としてジーシーインターナショナルを設立し，1972年にはヨーロッパ支店としてベルギーに販売拠点を開設している．これは前にも説明したが，ベルギーの小市場におけるシェアが，地元取引先の努力で順調であった．そこで現地支店長に取引先の社長を採用し，売上確保・人材確保を担っていた．また1981年にはアメリカ支店を開設した．これも前述のごとく海外輸入先の斡旋による，現地支店長の採用であった．

(1)　世界商品の育成へ

創業者・清が最後に夢を描いた“世界市場から日本市場に展開できる新製品を”――自社の固有技術と日進月歩の化学技術を組み合わせた，新しいコンセプト，Glass-Ionomerなる技術が誕生し，1976年に操業開始した富士小山工場での製造を祝して〝Fuji〟という名称を付与した新製品として登場した．この〝Fuji Brand〟が正に当社の世界市場での競争の先兵であり切り札となった．

このように自社の保有する技術に，新たなる外部の新技術の組合せが，〝イノベーション〟の一つの鍵と言われているが，正に当社の場合も，この組合せが大きな競争力を生み出している．以後この製品群の継続的な改良（Life Cycle Management）により，今日まで大きなシェアを確保できていることは，メーカーとして世界戦略の一つの成功方程式である．

この〝Fuji Brand〟があればこそ，後述の三重点主義の主力製品の構成が固まる訳である．

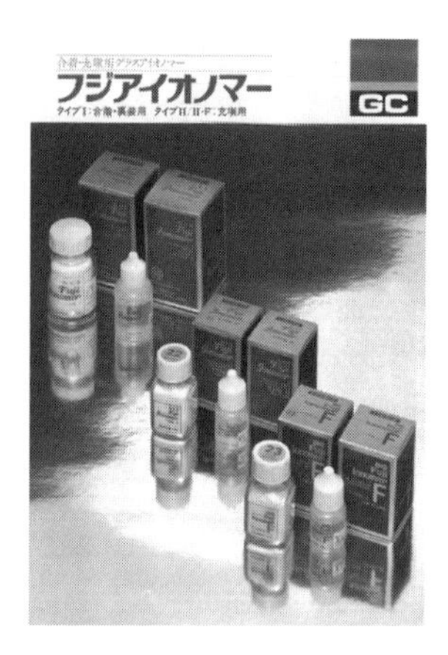

図 5.1　Fuji Brand 製品

(2)　支店長を活かす

現地に支店等を設置する場合，今までのツテを頼りに，現地人の採用を進めることが，スムースな立上げの要締である．もちろん採用に当たっては，トップによる面談を実施している．このときに当初の販売会社としては，流通のあり方をどのように考えているかの確認であり，立ち上げたからには，次はこれらの人材の最大活用である．当社は，支店長の持つ強味を最大限に発揮させるとの考えから，欧州ではベルギー人の支店長ゆえに，フランス（1983年）・イタリア市場への拡大を担わせている．また米国では，支店長の人脈から有力臨床家によるラウンドテーブルの開催と，新製品の創出を心がけた．このときの会議から，その後世界的商品となる〝Fuji II LC〞が誕生している．このように現地人化は，その人物の得意とする分野で，まずは実力を発揮させるのが，会社として得策である．正に受身からのスタートである．しかしながら人間には必ず弱点があり，これを補佐する意味で，日本人を派遣した．これらの人間が後日，国内外の国際業務を担っている．

(3) 三重点主義の徹底活用

海外のなかまと仕事をする場合，我々の語学力の関係もあり，単純明快な考え方を実践するように心がけた．カメラの三脚を意味する三重点主義，それに英国空軍の戦略の考え方である〝ランチェスターの考え方〞[*2]を活用した．

この支店開設のときには，小さなベルギー市場でのシェアが，確立していることがベースであった．このことから，まずはシェアを確保できた地域を拠点とし，ここに販売・ロジスティクス機能を集中させることである．その上で三重点主義[*3]と弱者の戦略を実践

---

*2 イギリスのエンジニアであったF・W・ランチェスターの理論をもとに田岡信夫氏が販売戦略理論としてランチェスター戦略を編み出した．市場地位などによる弱者の戦略（局地戦，陽動作戦など），及び強者の戦略を導き出した．

*3 ジーシー独自の経営概念で，どのような思想にも少なくとも三つの支点が必要であるというコンセプトのもと，海外事業においても新しい市場に進出する際には，市場・製品・ディーラーの三つの支点を確立させ，その後は三つの地域，三つの製品，三つのディーラーへと発展させた．

に移し，限定された地域・商品をベースに規模の拡大を求めることである．ベルギー・フランス（1973年）・DACH（ドイツ・オーストリア・スイス）を加えての3地域と主力製品3品目，そして地域ごとに三つの取扱店を設けることに専念した．

その上で次なる三重点主義に基づきアメリカ支店（1981年）を開設した．これは日本の海外通の歯科医師の“世界一の市場に挑戦しないのか”という叱咤激励をもとに実行に移した．

日本ではどうしても強者の戦略を取りがちであったものの，外地ではあくまでも弱者の戦略をベースに，力を絞り込んで一点突破を図ることを徹底するために，地域・商品・取扱店を全て3で絞り込み，少ない兵力で戦うことしかできないとして，極地戦を基本とした．

(4)　日本の歯科界の力の結集と世界規格との闘い

我々の業界では今や薬機法，欧州ではMDR，そして米国ではFDAと薬事法の規制が存在している．そして個々の商品のベースとなる〝製品規格〟については，ISOがそのベースとなっている．このISO規格をベースに，各国の規制が構築されている．それゆえISOを制する者が，規制を制することになる．

さて，1970年代，日本の業界はJIS中心に歩みを進めていたが，清・敏男がFDI（国際歯科連盟）規格委員会アジア地区メーカー代表に指名され，世界大会に参加すると，FDIにおける話題の中で，ISO関連のテーマが多く諮問され，また継続して開催されるISO/TC106（歯科専門委員会）の存在がクローズアップされた．

“世界規格作りに日本の意見が反映されないのは，国際競争力を失うことになる”“ユーザーの皆様の利便性を考えると，共通化の概念が必要である”“メーカーの国際競争力確保・利便性向上のためにも，日本の歯科界が一団となって取り組むべきだ”との敏男の熱意が歯科界を動かし，日本歯科医師会・学会・産業界が参加する受け皿団体（日本歯科器材研究協議会）を創設した，1980 年に ISO/TC106 の正式メンバーとなって以来，日本での大会を 3 回実現し，派遣団員数もアメリカ・ドイツと比較しても遜色のない活動を展開している．

(5)　為替の上昇への対応

輸出企業にとって為替は魔物であり，実際その痛手は極めて厳しい．それゆえ，他業界の対処策を研究し，為替対応力を少しでも向上させておくことである．1978 年に行った為替対策を含めた現地実態調査で，自ら現地に進出することを，日本企業先輩諸氏から学んだ．1979 年以来，海外事業をより深く知るために当社から学会・展示会への出張者は大幅に増加している．今後も為替は海外貿易をする人間にとっては，最も厳しいテーマとなると覚悟しなければならない．

5.2.3　国際化段階

前社長の急逝に伴い，まだ若い筆者が引き継ぎ，前社長路線の継承と長期思考を打ち出し，敏男が意を注いでいた海外市場展開の計画・スピードはそのまま継続することを決意した．ここでの国際化段階が意味することは，当社の場合は，直接投資の開始である．これにより安易には退却ができない状況に踏み出すことを意味している．

1983年10月には，日本でFDIが初めて東京晴海で開催された．“若手社長の手腕は”とばかり，多くの方々に注目されたが，FDI関係者の暖かい対応もあり，更に多くの海外の知人ネットワークを築くことができた．このネットワークは，以後今日まで世代を越えてお付き合いが続いている．また敏男が日本に誘致したISO大会も大磯で開催され，OISOとISOをかけた名称が大いに受けていた．

(1)　進出先と機能の決定

1984年は現場への資金投資開始である．これにより真剣度はなお一層高まったものと考える．当社の場合は為替の変動が大きな決断要因であり，以前の現地日本企業視察から，敏男がベルギー進出を決定していた．現地生産の重要性を学び，ベルギーにまずロジスティクス拠点を設け，その上で第2段階として製造拠点を確立することとした．

投資先としてベルギーを選択したのは，当時オランダに比して劣勢となっていた失地回復を狙っての誘致策の効果でもあったが，①ベルギーは大市場の独・仏・英に近いこと，②英語を話せる人が多いこと，③物価が割安であること，そして歯科大学の名門校であるルーベン大学が存在していることからであった．そこでドイツ寄りのルーベン市のResearch Parkに候補地を求めた．この地には先輩企業となるテルモさんがおられ，1978年の視察旅行の折にいろいろとお話を伺ったご縁でもあった．

(2)　判断はスピーディーに

東アジアで注力したことはスピードであった．台湾では現地工場の立ち上げと，撤退・販売会社化を，また韓国でも地元輸入代理店の倒産から，その受皿会社の設立を，極めて短時間で実行した．スピードを加速させるのは，やはり日本人担当者の，現地取扱店には任せず，自ら市場とのコミュニケーションを確保するとの覚悟が重要であり，この動きは当然現地の中枢人材の採用へと結びついている．以上から，弱者の戦略の徹底（戦力が限定されていることから局地戦を得意とする）・三重点主義（地域・商品・取扱店の絞り込み）そしてスピード対応が鍵と考えている．

(3)　M&Aの実施

また〝時間を買う〞企業M&Aについては，常にできるだけ案件に興味を示し，積極的な参加を社内外に示すことである．その上で，初期交渉には必ず参加，時期を見てその後を判断することが大切である．もちろん交渉を進めることは，経費と時間を費やすこととなるが，これは先行投資として積極的に受け入れるべきである．この積み重ねが人材を育み，またM&A対応の社内的なしくみを作り上げてくる．同時に社外のアドバイザーグループを構築しておくことが，短期的な判断を可能とする鍵である．法律面・金融面・リスク面から数々のアドバイスを極めて短時間で集約するブレーンを整え，トップ自ら忌憚なく相談する態勢を持つことである．

米国の歯科中堅企業が英国の巨大化学企業の傘下から切り出され，購入した案件では，交渉は親企業と取引関係にあったご縁で紹介を受け，“将来必ず成長させる”との熱い思いを語りかけ，また年末・正月もなく電話で確認をしあうなど，意思の疎通を心がけた．このときの交渉役の最後は，銀行のアドバイザーではなく，筆者自身が立つこととなり，非常に孤独感を抱きながらの交渉であった．このときの経験から，責任を持てる人間が，しっかり将来像を語ることの重要性を教えられた．なお当時は，売却する側も，価値の最大化よりも，その残される企業の永続性を考える余裕があったようにも感じられる．このときの交渉の経験は，筆者の人生に多くのプラスの要因をもたらしてくれている．

(4) 業界連盟活動

当社はアメリカ進出と相俟って，ADTA（American Dental Trade Association）と日本の業界との交流を積極的に進め，両団体等の派遣を積極的に進め，幸いなことに筆者がその窓口を担当した．このように現地の業界団体への加盟と，活動への参加が重要である．あくまでも日本企業としてではなく，現地企業として認識され，現地のなかまの一員としての活動と評価されることが必要である．このために当初は，業界団体の年次総会に，意識して夫婦で参加し，認知度・コミュニケーション向上を図った．また現地の業界活動にほどほどに参加，支援し，異質性の排除に努めた．

この年度総会には有力企業幹部が夫婦で参加し，2，3日を有名保養地で一緒に過ごし，業界の一体感の醸成を図っている．我々はここで有力者の皆様との知己を得ることができた．

このような交流の進行とともに，1990年には，日本・欧州・米国を中心とした業界団体，IDM（International Dental Manufactures）が生まれている．この組織は，医療安全・患者重視の思考が高まってくると，国の規制当局も一段と高い基準を用いて，より厳しくするとの姿勢が高まってくる——これに業界として一致団結して対応するために，弱い力である個々の企業を地域ごとに束ね，その上で世界の業界の声として申し入れを行うとの要旨からスタートした．

筆者は幸いなことに，日本の業界の先輩からの御指名で，設立から関わり，その後欧州・米国代表に続いて三代目の会長に1994年に就任している．このようなオフィシャルな団体活動に参加することは，各国の組織代表団に認識されることであり，日本の代表として，また世界の代表として，歯科界の他の組織（FDI *4/IADR *5）

図 5.2 IDMの集合写真

との接触を図った．このように多くの人に自分の存在が理解されることが大切である．この結果としてライバル会社売却の話が持ち込まれるとともに，トップ人材の移籍の打診が次々と飛び込むこととなった．

現在では，欧米の企業から“GC は自分たちの地域のなかま”との声も得ている．歴代の奉仕活動に努力したなかまの努力のお蔭である．

(5)　CI の実行

〝グループ〟に米国で新たな買収企業がなかま入りし，1991 年に社名をジーシー（GC）に変更するものの，従来からの製造・販売は維持するとの方針が確定していた．一方，日本の本社も創業 70 周年を迎え，また日本の業界内のポジションも，メジャープレイヤーとして東西での力を競う時代に至っていた．

そこで〝グループ〟としての力を結集し，2000 年を目指すとのスローガンのもと，Vision 2000 を発表し，〝世界一〟を目指し，五つのキーワード〝人間〟〝技術革新〟〝グローバル化〟〝高度情報化社会〟〝創造の経営〟を掲げ，創業 70 周年として〝なかまの式典〟，更には〝国際特約店総会〟を開催した．このときの目玉は，CI の実現による，新しいグループイメージの発表であった．社名・

---

*4　国際歯科連盟（FDI：Fédération dentaire internationale）．ジュネーブに本部を持つ歯科医師会組織の連盟．1900 年設立．

*5　国際歯科研究学会（IADR：International Association for Dental Research）．世界最大の国際的・学際的な歯学系学会．本部は米国．1920 年設立．

コーポレートカラー，製品パッケージから，目につくものを全て刷新した．もちろんCoe社の製品パッケージも変更した．

このように企業買収・CI・国際特約店総会と，一気にグローバルを目指すとの気概を前面に打ち出した．またこのイベントにはFDIの会長に登場いただき，国際ムードを更に高めている．

5.2.4　多国籍化段階

1994年という年は，当社にとってもまた筆者自身にとっても大きな動きがあった年であった．地域統括法人となるGCE・GC Asiaを設立し，このCEOは総本社のCEOが，またCOOは各地域の社長が務める形を取り，海外3地域制がスタートしている．

(1)　地域・統括法人の設立

買収から1年後，1992年にアメリカ2か所に存在するオペレーションを統合し，命令系統の一元化とコスト圧縮を狙った．それと同時に南北アメリカを統括するとともに，今後の買収企業を傘下に入れる受け皿の設立を狙った．

そこで1981年から存続するアリゾナのオペレーションと今回買収したシカゴの合体を進めた．これは買収された企業が，親企業を飲み込むという，極めて不自然な形ではあったが，アメリカ法人確立のための最適化策として実行した．シカゴに異動できない社員の反発を受けつつ，あくまでも〝サヨナラ会〟を断行した．

このときの心持ちについては，今でも我々夫婦の記憶に残っている．経営には，元気よく前進できるときと，力を蓄えるために苦しまなければならないときがあることを覚悟しなければならない．

このM&Aにより，GCには米国内で急成長する流通企業との取引の道が開かれたのも事実である．従来のGC USAの販売網は，どちらかというと保守的なカラーのディーラーであったものを，大幅な刷新を図ることができた．今ではこのディーラーが世界一の流通企業に成長している．

これに引き続き，1994年にはGCヨーロッパのルクセンブルクに現地法人化を実現し，ホールディング体制（2020年現在24社）を築き，これからのグループ会社構築の礎とした．この頃にはヨーロッパ工場の拡張も進め，製造品目も増加している．地域統括法人設立の狙いは，地域における経営判断のスピードを上げるためであり，これからの急成長を狙っての現地への権限移譲も進めている．また同年にシンガポールに，東南アジア・豪州・インドの統括拠点を設立した．

(2)　世界一体活動の促進

〝グループ〟をより一層強く認識するようにと，世界で共に活動するテーマを意識的に増加させた．

(a)　国際認証の取得

医療機器メーカーのパスポートとも言われるISO 9000シリーズの国際認証を，日・米・欧でほぼ同時期に取得し，グループあげての品質保証レベルの高さを示すとともに，グループで同一歩調のムードが生まれている．単なる販売会社から，企業としてのVisionを持ち，そのための実行策にチャレンジするという，新しい次元への成長であった．これがベースとなり，現在の薬事認証基準となるISO 13485への挑戦も容易なものとなっている．横文字文化と認証機関のつながり等，世界ベースの協力が有効に生きている．なお，日本でのISO審査の折に，審査員の皆さんから“GQM活動を永年おやりになっているので，土台がしっかりしていますね”とお褒めの言葉をいただき，GQMの有用性を強く再認識した．

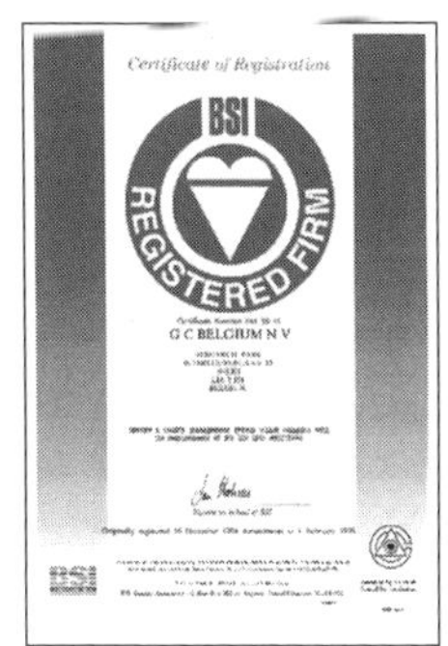

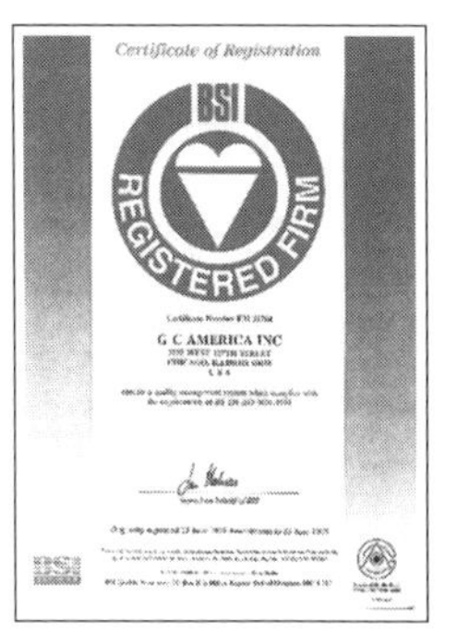

図 5.3　ISO 9001 認証　3か国の Plaque（盾）

(b)　ERPの導入と活用

コンピュータの2000年問題が課題となる中，世界的にネットワークが拡大し，物流・情報量が拡大する中で，これらを一気通貫で管理する体制を築き上げるとして，SAPの導入を図った．このシステムについてはGreenシステムとして，日経コンピュータ（日経BP社）主催2002年第4回日経情報システム大賞中規模部門グランプリを獲得している．特に既存システムからの変化を最小限にするとの意識から，アドオンシステムが多く，これが後日，効率化のネックともなっている．

(c)　デミング賞への挑戦

その中で2000年に念願のデミング賞の取得を果たした．デミング賞創設50周年，そして敏男が1981年に宣言して丸20年で実現した．この頃は日本のバブル経済が弾け，また日本の品質に陰りが見えてきたと言われる中で，日本の中堅企業の力を見せようと挑戦したものであった．この活動は当然，世界レベルの活動へと拡大し，各地域でのデミング賞・EFQM[*6]への挑戦がスタートしている．このTotal Quality Managementの考え方を，GCの経営手法の中核とし，この下に経営機能を展開するとのVision経営を確立し，2001年の80周年からグローバル展開を進めている．これはデミング賞受審時の約束事項である“GQM活動の輪をグループに拡大する”を実行に移したものである．

この中で当社は，長期（10年）・ローリング中期・年度の経営計画を策定し，常にPDCAを回す考え方のもと，また外部環境の変化をフィードバックループで捉え，現場重視の診断会を社長自ら実施し，現在では診断会が1 587回（2020年2月10日）を記録している．このような愚直な“なぜ？”“その原因は？”との繰り返しが，企業体質の強化に結びついていると確信している．

[*6] 品質マネジメント欧州財団（EFQM：European Foundation for Quality Management）．1988年にヨーロッパにおける企業の成長発展を推進する団体として発足．現在は700以上の企業が会員として参加．極めて優秀な企業品質を達成した企業には，EFQM Excellence Awardが授与される．

(d)　お客様との関わりのバロメータ

1996年の創業75周年に，第1回国際歯科シンポジウムを横浜で開催した．これは当社のカスタマーである先生方との関係がいかばかりかを知る上で，シンポジウムへのドクターの動員数及びシンポジウム講師の皆さんの情熱の入れ方を確認することにより，我々の存在価値を確認することができた．海外から約1000名の参加を得て，計8000名という大盛会となった．国別の参加者数し，代表講師との親密度から，各地域のGCの地域への浸透度を計った．その後，欧米でもシンポジウムを企画させ，そのお手並みを確認したが，この時代はマダマダであった．

(3)　新しい組織への取り組み

筆者が永年にわたり温めてきた，機能別の考え方を積極的に導入したいとして，生産部門を中心に地域の工場との連携を強め，トランスプラントを促進した．これに伴い〝内なる国際化〟として，工場と工場間のダイレクトコミュニケーションを図るべく，〝海外事業部〟に頼ることがないようにと，〝国際部〟としてマーケティングに注力する方向へと転換した．それと同時に機能の連携強化を促進するとの考えから，本社の機能長を中心とするグローバル会議を立ち上げている．2004年に財務・経理が第1回目をスタートさせ，その後品質保証系が2005年に立ち上がった．

さて，多国籍化を進めるということは，地域・統括責任者を正に経営者として位置づけ，その地域での発展成長を任せることとなる．そこで各地域・統轄社長が，本社に決算報告を行うとの方向性

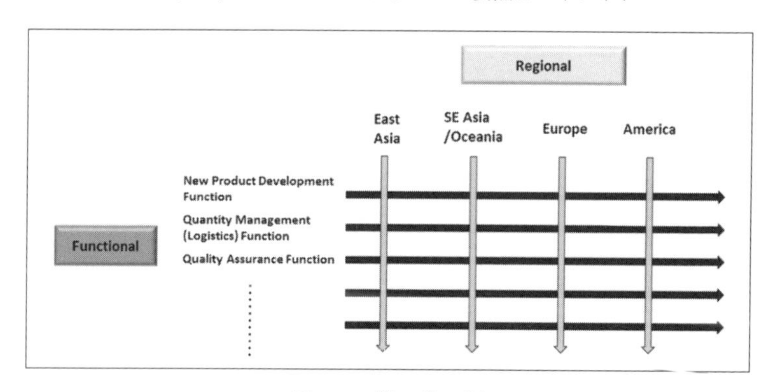

図 5.4　機　能　別

を明確にし，年に数回は東京出張の習慣を確立した．これは距離的にも，また精神的にも遠い日本への，疎外感を排除するためでもあった．(欧米人の経営者の場合，語学的・経験的にも欧米間の距離が近く，日本はどうしても Far East の感覚の中にあり，情報交換が粗になる傾向が強い．)

それゆえ，経営者としての人材によるところが極めて大きく，現地人を可能な限りトップにするとの基本方針のもと，運営を進めている．

(4)　GCC に海外出身の取締役就任

GCE の社長であったヘンリー・レン氏を本社取締役に指名した．これからは国際業務比率が急拡大するとして国際事業担当の役割を担った．

残念ながら会議は日本語で行われるため，通訳を伴っての参加となるが，ニュアンスが十分に伝わらずに，苦労している様子である．しかしながら異なった観点からの発言，“No” とストレートに言う姿勢が，我々の判断にプラスとなっている．

(5) 社員モチベーション向上企画

世界のなかまのベクトル合わせが重要との認識が高まり，これに応える企画が，歴代の経営者の考え方を記した『ジーシーのこころ』であり，選抜されたなかまに対する我々による実践教室〝中尾塾〟・〝Nakao School〟の開設であった．

筆者が55歳になった折に，これからの後継者を育成するために，DNAを継承させようとするのではなく，“このときにはどう考えたか” の〝考え方〟を伝えて行こうというものであった．これは先々代の〝不易流行〟，そして先代の〝温故知新〟等を，十二分に理解する重要性を伝えるためであった．

この海外版を2006年に立ち上げ，各オペレーションから選抜されたなかまたち18人が参加，全行程5日間として，途中，禅トレーニング，アメリカマーケティング協会の講師によるテーマ学習を含め，筆者が歴史を，そして専務がVisionの考え方についての講師役を務めた．このスクールに参加した主要メンバーは，その後オペレーションの主要ポジションに就いている．また，今後のスクールへの参加希望者も多く出てきている．

5.2.5 マルチナショナル化段階

第5段階目については，最近の事象ゆえに，出来事を一編の文章として記述する．

(1) 準備段階（2010年末～2013年3月）

2011年2月の創業90周年式典は，筆者が社長としての最後の舞台となったイベントであり，ここで創業100周年に向けて〝Vision 2021〟を宣言し，当社の歩みを加速させなければならない．それとともに，筆者は2013年で引退を決意していた．そこでAction 55と称して，5年・年・月・週・日次計画を策定し，PDCAを着実に回すことを決意した．その上で自分自身が計画を実行に移すためには，“記載する，話題にする（できるだけ公式の場で），一つひとつ実行する”であるとして，自分自身の考えに揺らぎが出ないよう，できるだけ足枷をはめるよう心がけていた．

また，人・風土の育成は一歩ずつ進むものの，しくみ作りは，日本国内及び地域ごとに次第に独自のしくみが定着し始め，地域及び部署最適を求める傾向が感じられるようになってきた．

次第にいろいろな課題が芽を出し始めていた．“1 000億円までは各々が頑張って同じ方針の実現を目指すが，ある程度自由で”との気持ちで，各人にある程度の自由裁量権を認めていた．時間と利益をその尺度に，生産性の指標を重視する傾向にあるものの，その地域地域のKPI向上に力を注がせる指導を行った．当然，報酬体系も地域実績型となった．

一方，本社サイドも，製品開発については，どうしても日本市場向が優先される傾向から脱却できず，またロジスティクス面についても，納期短縮等のフレキシビリティの改善が進まない等，海外部門としては“なぜ”という案件が散見されていた．

また本社管理部門の〝内弁慶〟な姿勢にも，大きな危機感を抱いたものであった．

〝グローバル化〟という言葉が世の中を駆け巡り，実際にアメリカ・中国企業が市場を席捲するようになると，イデオロギーを前面に出した〝グローバル化〟が我々の前に立ちはだかり，〝グローバル化〟という言葉に惑わされてはならないとの気持ちがわきあがり，自分たちの足元を見直す必要性を感じていた．

2011年2月の式典を無事終了し，新しくその機能を問うGC Corporate Centerのオープン記念式典の3月11日，東日本大震災に遭遇し，翌12日から日本歯科医師会の災害支援本部のもとに全面協力することを業界として声明し，それから2年間にわたる支援活動を開始した（実際にはこの日本歯科医師会の支援本部は，GCCCオープニングパーティ開催予定だったホールで，同会幹部によりスタートしている．）．

一方，海外の反応は，震災に対するお見舞いの声から，原発事故の発生を機に一瞬にして激変した．ちょうど，IADR学会サンディエゴ大会・ドイツで開催される世界最大の展示会IDSが震災の2～3週間後に予定されていて自分自身の参加自体にも悩んだが，参加してみてやはり現地で肉声で語る重要性を教えられた．“GCの富士小山工場の被爆は？”“福島の隣はカリフォルニアだ！”“チェルノブイリのときは！”等，次々と厳しい質問に対応しなければならなかった．そして最後には“当社は全品被爆検査を実施し出荷する”とキッパリ答えた．

こうして海外の皆さん，そしてなかまの不安そうな声を聞くにつけ，〝リスクマネジメント〟の重要性を強く認識させられ，海外との温度差の大きな違いを教えられた．そして自分なりに決意を固めた．思い切った海外展開の実行である．

このときの狙いを自分なりに下記の5点に絞り込んだ．

① 真のグローバルカンパニーモデルを実現し，マルチナショナルな市場に対応する．

② 増大する〝遠心力〟に対応する〝求心力〟を生み出す．

③ 〝茹蛸〟状態の〝なかま〟に冷水を掛ける．

④ 後継者 潔貴の成長を図る．

⑤ 自分の可能性への挑戦（65歳にして新天地で生活をする）．

これらを実現するには，当然国際部の閉鎖と海外移転である．

そこでまず，過去の経験を含め，2011，2012年とアメリカ・ドイツ・ベルギー・シンガポール・香港・オーストリア・スイスと現地調査を進めるとともに，2012年6月に，スイス日本商工会の会長のストリッカー氏の仲介で，スイス国Bücher大使を訪問し，場所選びの支援をお願いし，快諾をいただき，6月下旬のZug・Luzern・Basel視察旅行は，現地の皆さんのアレンジで，現場の日本企業訪問を含め，極めて順調に完了し，早い段階でLuzernを内定し，7月の役員合宿でモーツァルトプロジェクトからSプロへの変更を決定した．

その上で社内への発表のために，当社の海外展開の歩みを確認し，慶應義塾大学の花田光世教授の国際化と組織に関する5段階説と当社は極めて類似の歩みをしていることを知り，この5段階目の実現とマルチナショナル対応を重ね合わせて，10月1日からの2013年度方針の中に織り込んで発表した．もちろん，世代交代も同時に打ち出した.

2012年9月には，社内で駐在員の公募を開始したが，早々に応募者が集まり，2日目で打ち切りを発表した．これには，若いなかまの海外志向の高さに驚かされた．スイス要員と経理関係者，それに大手会計事務所によるSプロを中心に準備作業を進め，2013年2月にはGCIAGの設立登記へとこぎつけた.

2013年2月〜

2013年2月には第1陣のなかまとオフィス及び自宅探し，スイス社員採用の面接のためにスイスに渡った．このときのオフィス探しでは，第一候補がすぐに他社との契約に流れる等，売り手市場のスイスの現実を知らされた．不動産業者からは，常に“他のお客様もすぐに見学に来られますので”と競争心をあおりつつ，良い客を選んでいることを教えられる．仕方なく4月1日のオープンは，レンタルオフィスとして，小生を含めて日本人6人＋スイス人3人＋ドイツ人1人の10人でスタートとなった.

図 5.5　GCIAG最初のなかまたち

(2) 足場固めのとき（2013年4月～2016年3月）

ルールの確立とPrincipal Modelの立ち上げ

スタート段階で，オフィスの大幅改装費という予想外のコストがかかり，まだ会社機能の確立も進まない中での，経費の急増，その上に毎月の人件費は確実に要すという厳しいスタートとなったが，9月にはオフィスを無事正式にオープンさせた．

そこで急がなければならなかったのは，商流そして経理・財務面のルールの確立を図り，1日も早く止血を施すことであった．幸いなことに，なかまの皆さんの努力で初年度から赤字を計上することなくスタートすることができた．

2014年に我々が次に力を入れたのが，戦略的な製品への開発の投資を実行するとして，3品目を設定した．また海外総本社のこれからの歩む方向性を示す中期5か年計画を策定し，海外オペ自体はこの機に3か年計画をまとめる型へと変更した．またグループ全体の課題であるDigital Technology面での挽回を図るために，オーストリアの会社，A-tronの買収を実現した．

企業として活動が軌道に乗り出した2015年度は，いよいよPrincipal Model Ⅰの実行であった．世界のロジスティクスの司令塔となることと，戦略新製品についての開発コストのシェアリングを実現する．この二つの実現を通常の倍のスピードで実現した．また，取引ルールに基づき物量が増加するとともに，生産・ロジスティクス・品質保証の調整作業が急増するようになり，2年間の予定で東京オフィスを開設し，ベテランの岩田氏にこの日本側の窓口としての役割を委託した．

また財務面では，GCIAG グループの連結決算を，Cognus System の導入で 5 Days Rule で実現可能となった．本来は全 GC で同一システム導入を進めたかったが，なかなかシステムサポート面での共通性が見い出せず，まずは GCIAG から，同時に子会社を多く抱え，財務的にも苦しむ GCE への外科手術をサポートするとともに，従来からのベルギー資金調達から，スイス調達へと，GCIAG の資金管理体制へと同時に移行させるとともに，世界の銀行口座を管理できる Bellin を導入した．

機能別管理の深化

コストの機能別管理をより明確にするために，2015 年 10 月 1 日より GCC と GC R&D Mfg の分社化がスタートし，2016 年 4 月より GCIAG もこれに倣って生産委託会社の設立を進めた．これに伴い各機能の世界統一マネジメントを図る意味で，KPI の徹底を図り，機能別に一気通貫で管理する体制を整え，スタートしている．しかしながら各 KPI の定義一つとっても，解釈の齟齬が生じる等の状態に，機能長も頭を悩ませるテーマとなっている．

創業 95 周年イベントへの参加と第 1 回世界 KI 発表大会

2016 年 2 月には GCC 創業 95 周年記念式典・KI 世界大会を東京で開催し，海外から 70 名のなかまが参加し，GC が得意とする KI 事例として，生産系・営業等計 12 テーマの発表を堂々と行っている．残念ながら最高位は獲得できなかったが，“必ずや次回は”となかま同士が誓っている姿が思い浮かぶ．

この後，海外社長たちによる清の海の家での合宿では，純日本風家屋に驚きつつ，“清会長の魂が皆を見つめているぞ！”と脅し，全員が真剣に議論している様子が，これまた脳裏に浮かんでくる．

また，創業95周年を意識して，GC 95年史『95 Years・History Book』を英語版を中心に編集し発刊した．これから海外のなかまの活躍を期待するには，自分たちの会社の歩みを把握していることが大切であると，父の言葉〝温故知新〟に倣い，スイスと東京の時差を利用しての執筆・英訳を突貫作業で進めた．

Life Cycle Management の導入

注目のテーマである新製品売上高比率の向上について，営業サイドの効率を考えても適切な Life Cycle Management を図ることであり，ここにもパレートの法則を導入して的確なリニューアル商品化計画の策定の必要性が，グローバルミーティングで確定した．

(3) 体制固めのとき（2016年4月～2019年3月）

Principal Model Ⅱの導入

2016年度は，GCC分社化（2015年10月）に倣い，4月1日から重要テーマの一つである Principal Model Ⅱの導入が図られた．製造部門を GCIAG の欧州・米国における製造委託部門に衣替えしようとのプランである．

更に，Model Ⅱ b として，買収先・新規事業に拡大しようとの2段階を計画した．しかしながら，この目論見は，ERP システムの構築の段階からスムーズに進まなかった．これは多分に感情的な問

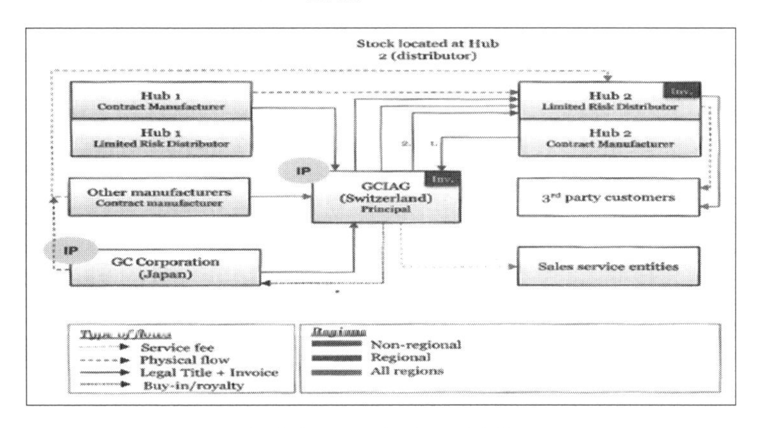

図 5.6　Principal Model Ⅱ

題で，従来は欧州の本社として存在していたGCEが，突然スイス本社が出現し，委託工場に位置づけられ，更に業務も一段と複雑化することへの戸惑いであった．そこでGCEとしての本社機能の明確化と，各支店利益管理体質の強化を目指すPrincipal Model Ⅲへの移行への変更を決断した．

また，GCEの本社機能については，1994年にルクセンブルク地域統括拠点としたものの，具体的な本社的な活動は極めて希薄であり，今後のOECDルールの強化とともに，より大きなコスト負荷がかかるとして，この機能のスイス移設と，（現在GCEAGとしてLuzernのGCIAGと同じフロアに存在している）グループ会社管理の強化を決意した．これもGCE外科手術の一環である．

対外活動のスタート

また，GCIAGスイス設立の一つの狙いが，対外的な学術的活動の支援であったが，日本の突出した特徴である超高齢社会の話題を先頭に，世界の市場へ切り込もうと〝日本での産業Visionとりまとめからの課題第一弾〟を実行に移した，

Visionistであり，産業Visionとりまとめ，臨床サイドの主役でもある日本歯科医師会会長・大久保満男氏が，2015年に東京で世界大会を主催し，〝健康寿命延伸のための歯科医療・口腔保健〟のテーマで，東京宣言を採択した．これを受けて，このテーマをFDIの主要活動のテーマとして掲げ，この活動をGCが支援することを発表し，その活動の取りまとめがLuzern会議として（2016年）に開催され，その最初の成果が，9月のポーランド・ポツナンのFDI世界大会で公表された．続いて2017年に入って，IADRのMurutoma会長を中心とするメンバーで，高齢者についてBrainstormingをルツェルンで開催し，この成果は『IADR Journal』（2018年）に発表された．

11月にはスタートから4年を越え，日本からの第一陣の帰国を順次進めることと，また筆者の5年ごとのシフトの準備を進める年である．前者については粛々と一人ずつ対応することとしたが，残留希望者についてはGCC本社からの離脱とスイスでの雇用契約という，新しい形態が生まれている．

監査法人からの指摘

当地（スイス）では，毎年決算について厳しい監査を大手監査法人に依頼している．年度ごとの監査方針の共有化，そして決算後の報告会と，2回の面談で，経営者としてどのように把握している

か，どのように考えているかを尋ねられている．これは経営トップとして，常に重要課題に注意を払うことを求めることになり，大変良いプロセスである．この折に，データ管理セキュリティに懸念があると指摘され，2年連続で危険のシグナルが点灯し，GCIAGグループとしての取り組みの必要性を認識した．

また，東京でのグローバル会議の折に『なぜ日本企業は真のグローバル化ができないのか』(東洋経済新報社)の著者・田口芳昭氏[*7]がGCを訪れ，日本企業の弱点として，しくみの統一，人事管理，ITの活用を指摘された．この中のビジネスモデルとして，JTI (Japan Tabacco International) が取り上げられている．我々がスイス・ルツェルン調査段階で訪問し，夜遅くまで我々の来訪を待ってくださる姿勢に，ルツェルンを選んだ経緯もあった．また，JTIのマネジメントケースを大変参考にさせていただいてもいる．

監査報告からのデータ管理セキュリティの確保，日本企業の弱点との指摘，Principal Model Ⅲへの対応，SAPのモデルチェンジへの対応も含めて，ITシステムの再構築にGCIAGのプロジェクトとして取り組むことを決意した．と同時にGCIAGにIT部門の新設を進めた．

肝心な売上げに関しては，GCの弱点である発展途上国市場への切り込みが少ないとの指摘がなされていたが，6年ぶりのブラジル訪問を実現し，サンパウロデンタルショーの大盛況を目の前にし

[*7] (株)野村総合研究所業務革新コンサルティング部長．経営のグローバル化に向けた機能軸強化のためのチェンジマネジメント，クロスボーダーアライアンス，M&A後のPMI支援などを行っている．

て，更なる立ち遅れを強く認識し，遅々として進まないEプロの促進を訴えるべく，GCの創業記念日に飛び入り参加し，なかまの皆さんに，トップメーカーの戦略として，発展途上国市場への特別管理による参入の必要性を強調した．

アメリカにも新施設を

アメリカではシェア確保，デミング賞へのチャレンジへと地道な歩みを進めていたが，何かインパクトを与える必要があるとも考えていた．M&Aから約30年近くなっても，何となくGCとの一体感が不足しているように感じられる中で，3か所（本社・生産・配送センター）に分散する機能を集中し，当社の建築コンセプトである〝コミュニケーションループ〟を活用しての，会話の場の創出を目指そうとの狙いであった．そこで，建設工事は日本の竹中工務店と鹿島建設に競っていただくコンペティションとした．両社とも当社にとっては，永年にわたり工事をお願いしている気心が知れたお

図5.7　GCA地鎮祭（外人神主）（2017年7月8日）

相手である．しかしながら提案・第1・第2回見積を必要とし，結局は2勝1敗で鹿島建設に軍配が上がった．2017年に着工し，グランドオープニングを2019年7月に純和風式に執り行った．

ステークホルダー調査

そして，100周年の最重要KPIとなるステークホルダー調査の第1回集計結果の公表である．（残念ながら世界調査は日本の大学・研究機関の協力は得られず，ドイツのアーヘン工科大学に依頼した．）世界のトップ4社に関するCustomer・Partnerからの評価は，Partner部門では当社がトップに，しかしながらCustomer部門では3位との結果であった．我々のウィークポイントとして予想された結果ではあるものの，やはりトップとの差を感じさせられた．これが世界のトップとの差であると強く覚醒させられた．これならばまだまだ手を打つことはできるとして，“そのためにGCIAGがある”と関係者で確認することができ，今後年度方針で取り組むこととした．“大学・研究機関との結びつき，及び関係作りが弱い”との認識が裏付けられた．

新しいしかけのスタート

大きな課題であったPrincipal Model Ⅲの立上げと，GCEの地域統括会社としてのスタート，そして従来からのERPシステムの新モデルSAP/Hana 4の導入へ向けてのキックオフをHenka Projectとしてスタートした．これら3件がほぼ同時にスタートしたのが2018年である．

今回のPrincipal Model Ⅲは，GCEの販売会社の中でも大型となる，独・仏・伊・英をBuy・Sellモデルとして，自らの力で利益確保を図るもので，従来からの売上げに対する一定率のコストカバー方式からの脱皮を目指している．これによりEU内の価格の安定化も目指すことを狙いとした．

また，24の子会社を抱えるGCEグループは，このところの積極的な事業展開（新規事業への進出）により，赤字部門も抱え，財務面で苦しんでいたが，ルクセンブルク統括会社をスイスに移設するチャンスに，真の統括会社としての役割を果たすべく〝One GC〟としてのスローガンの下に，グループ会社の結束を図った．

GCグループとして巨大なIT投資となるHenka Projectは，全地域主要機能に関係するプロジェクトとして，コアとしてはサプライチェーンの最適化を目指してのデータの活用，新製品開発を中心とするプロジェクトマネジメント，そしてこれらのデータを各機能でKPIへと活用し，全社正確・迅速なデータ展開を図ることを狙いとしてスタートした．

促進するに当たって，ファンクショナルオーナーと，ビジネスプロセスオーナーが基幹となり，実際の業務に関わるビジネスプロセスエキスパートが，業務のしくみの確認を行いつつ，セントラルチームがプログラム作成を担うとの布陣でスタートした．

2020年4月にGCEでの悪戦苦闘を経ての稼働が始まっているが，プロジェクトの遅れと，予算オーバーを招いている．そこで，このシステム導入費の増大を受け，実際の利用者である機能長及びビジネスプロセスのオーナー自身が，Hana 4を活用していかなる成果を生み出せるかの，ビジネスプロセスの再構築が今求められている．

このように，大型プロジェクトの推進と相俟って，当然赤字企業の改善策を打つべく，これまた〝Shinka Project〞なるものをスタートさせ，製造コスト半減活動を期限を明確にして立ち上げている．我々にとっては，成長のために新規事業は必要であるものの，現在までは成功率が1勝2敗となっているが，この2敗に関する逆転打を，ホームランを狙うのではなく，確実なヒットにより黒字化を図るべく行動を開始している．

古希を迎えて

さて，5年ごとのケジメの年，筆者は友人となかまの皆さんに70歳のお祝い会をスイスと日本で4回にわたり開催いただき，同時に34年間務めたGCの取締役を退任した．また2019年4月には，GCIAGのCEOを潔貴に移譲し，Boardの会長に就任している．

また丸6年が経過し，GCIAGも当初の10名から30名へと成長し，オフィススペースが手狭になり，ルツェルンのスペース探しの難しさの中から，何と従来の6倍のスペースを確保するに至った．

(4)　グローバルCEOとともに（2019年4月〜）

Boardの会長としての役割は，正に企業としての重要案件のみを審議することに専念するとして，投資・年度方針・高位の人事についての決済を執り行うこととし，会議体としての役割を再整備・

徹底することからスタートした.

これとともに活動が始まったのが,〝中尾世界口腔保健財団〟の活動である.名前のとおり,〝生きる力を支える医療である歯科医療〟に関する医療への助成金の給付である.我々の保有株式を寄贈しての設立で,理事長を妻の眞紀子が務めている.

35年前の構想で,日本では実現できなかったものの,スイス・ルツェルン市に2018年9月に登記し,2019年4月のFoundation Boardにおいて,運営のしかた,予算のあり方等を決めていただいた.その上で6月のIADRバンクーバー大会でのManagement Boardにおいて,助成金の審議プロセスを決定し,9月より助成金に関するテーマ募集を開始した.1件最大550万円として,年6件の助成を行うこととなった.2020年4月には,無事6件の研究助成金と4件の支援プロジェクトが決定している.

さて,新型コロナウイルス,そしてロックダウンが市場環境を激変させた.当社のVision経営では,Vision実現を目指し,新年度,2020/21年度が4月1日からスタートしているものの,急遽,ステークホルダーの〝安全〟を最重要視すべく,年度方針の組み直しを行い,新しい目標値の達成を目指している.残念ながらオリジナルのVision 2021の目標達成は遠のくものの,ここは〝安全こそが全て〟の心持ちで経営に取り組むべきと考えている.

前の4段階について,重要実施事項を5項目に整理してきたので,同様に5段階目についても整理してみる.当社が理想と考えるビジネスモデル（機能・地域・Regional Center等）の実態調査

KANTON LUZERN

Handelsregister des Kantons Luzern

Firmennummer	Rechtsnatur	Eintragung	Löschung	Übertrag CH-100.7.806.469-3	
CHE-284.959.843	Stiftung	21.09.2018		von: auf:	1

Alle Eintragungen

Ei	Lö	Name	Ref	Sitz
1		**Stiftung Nakao für Weltweite Mundgesundheit**	1	Luzern
1		(Foundation Nakao for Worldwide Oral Health)		

Ei	Lö	Aufsichtsbehörde	Ei	Lö	Adresse
			1		Fluhmattweg 13 6004 Luzern

Ei	Lö	Zweck	Ei	Lö	weitere Adressen
1		Förderung von Forschung und Bildung im Gebiet der Zahnmedizin zum Nutzen von Patienten und der Zahnmedizin; unterstützt den Wissenschaftsaustausch zwischen Universitäten, Zahnmedizinern und der zahnmedizinischen Industrie; unterstützt die Erstellung von wissenschaftlichen Dissertationen und diesbezügliche Programme; fördert und schliesst die Lücke zwischen wissenschaftlichem Fortschritt und klinischer Praxis; Beteiligungen; Erwerb, Belastung und Veräusserung von Grundeigentum.			

Ei	Lö	Bemerkungen, Angaben betreffend Übernahme von Aktiven und Passiven	Ref	Urkundendatum
1		Es besteht ein Zweckänderungsvorbehalt zugunsten des Stifters gemäss ZGB 86a.	1	19.09.2018

Ei	Re	TR-Nr	TR-Datum	SHAB	SHAB-Dat.	Seite / Id	Ze	Ref	TR-Nr	TR-Datum	SHAB	SHAB-Dat.	Seite / Id
	1	7599	21.09.2018	186	26.09.2018	1004462973							

Ei	Ae	Lö	Personalangaben	Funktion	Zeichnungsart
1			Nakao, Makiko, japanische Staatsangehörige, in Luzern	Präsidentin des Stiftungsrates	Einzelunterschrift
1			Erni, Heinz, von Elgg, in Elgg	Mitglied des Stiftungsrates	ohne Zeichnungsberechtigung
1			Fox, Christopher Hughes, amerikanischer Staatsangehöriger, in Washington (US)	Mitglied des Stiftungsrates	ohne Zeichnungsberechtigung
1			Häfliger, Michael, von Oberentfelden, in Hergiswil (NW)	Mitglied des Stiftungsrates	ohne Zeichnungsberechtigung
1			Stricker, Martin Andreas, von Riehen, in Riehen	Mitglied des Stiftungsrates	ohne Zeichnungsberechtigung
1			Scherer-Bissig, Cornelia, von Meggen, in Luzern	Mitglied des Stiftungsrates	ohne Zeichnungsberechtigung
1			PricewaterhouseCoopers AG (CHE-434.873.063), in Luzern	Revisionsstelle	

Luzern, 26.09.2018 16:51

Diese Internet Information aus dem kantonalen Handelsregister hat mangels Originalbeglaubigung keinerlei Rechtswirkung und erfolgt ohne Gewähr.

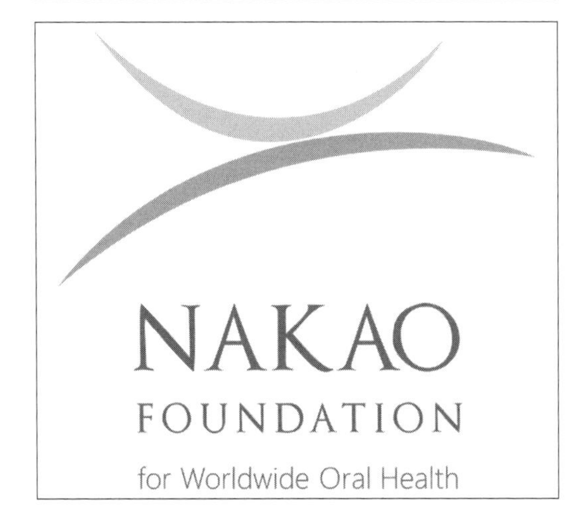

図 5.8　Foundation Nakao for Worldwide Oral Health（2018 年 9 月登記）

をし，最も注力したのが，日本企業の弱点と指摘されている〝しくみ・人・IT〟の強化である．

① 機能・地域別管理に伴う基本的なしくみの確立

② 日本人社員派遣の大幅増員と積極的な現地社長の登用

③ Henka Project 立上げによる，IT化の促進と，しくみの効率化向上

④ 外部機関と連携した新製品を核としたシステム，ストーリーづくり

⑤ （COVID-19等）存在環境激変に即応する新しいVision Management体制の立ち上げ

上記五つに取り組むとともに，〝財団活動〟を積極的に進めつつ，完全リタイアのときを健康で迎えたいと考えている．

そしてメーカーとしては，生命線を制する新製品の上市と，マーケティングストーリーづくりである．その上でアーヘン工科大学への回答として，外部の研究機関とのコンタクト・対外活動を意図的に増加させている．と同時に，新しく設立した〝財団活動〟を積極的に推し進めなければならない．

第6章 五つのステップから学んだボトルネック

6.1 中堅企業におけるグローバル化のボトルネック

我々中堅企業は正に〝欲しい物リスト〟満載の状態で，日々の運営に取り組まなければならない．“○○がないからできない”との言い訳が通用する余裕はない．自分がGCIAG社長として過ごしてきた6年間から，特に強く感じたことを5項目に整理してみた．

(1) マネジメント能力

まず最初に取り上げなければならないのが，グローバルビジネスに対応する人材力である．国際ビジネスセンス・語学力・そして西欧的思考方法を身につけた人材の採用，また時間をかけての要請の余裕はない．当社の場合は初期から今日までは，聞こえは良いが，人材の現地化で補って，必要なポジションにポイント的に日本人駐在員を配置し，国内は国際業務専門部署が取り仕切る方式を導入していた．この日本企業でありながら，経営陣は外国人を採用するとの発想は，日本絶好調時代はライバル企業からの転籍も多く見られ，世界の3オペレーション全てがライバル企業出身の時代も出現した．同じ業界ゆえに業務対応力は高いものの，出身企業へのライバル意識から，必要以上に競争関係が激化する等の，プラス面とマイナス面が見られた．しかしながら我々のような中堅企業では現地人及びライバルからの採用が一つの重要な対処策である．

このために筆者が意識したことは，各地で採用した人間は，地域の業界団体に所属し，その一員として活動してもらうことであり，あくまでもその地域の一員としての歩みを同じくすることである．また年次総会等には筆者も参加し，皆さんと一緒に行動すると示すことである．ここで心しなければならないのは，自分たちは何者なのか，我々の考え方をわかりやすく説明することである．この機会をいかに多くするかが鍵と考えている．その一つが〝Nakao School〟であり，創業の理念〝不易流行〟の考え方を繰り返している．

そこで今，第5段階へとして，国際部門を解散して新しい司令塔としてGCIAGを設立，現場により近い各機能の調整役へと変化させ，より市場に近いヨーロッパの中心地となるスイスに移設し，東京との2本社体制・9機能別（日本主導の現在は日本人中心），4地域別管理（現地化）への移行にチャレンジしている．機能長としては世界市場で活躍しなければとの使命感に燃え，世界のKPI把握等，大変前向きな動きが見られる．しかしながらここでのポイントは，機能については理解するものの，日本の自分たちのシステムに固執し，新しいことへのチャレンジに消極的，課題の優先付けが曖昧で，プロジェクトマネジメントが弱いという一般的な弱点，地域特性を把握していないこと，本社という立場に依存し，現場への配慮が欠如すること，せっかくの専門能力が，語学力の関係で十分に発揮されないことである．

次に機能別・地域別管理推進の上で筆者が学んだことは，真のマネジメントのあり方を，機能長に十二分に伝授できていないことであった．そこで今我々が取り組みを開始しているのが，機能長のビジネスセンス向上と現地化である．従前は現地オペレーションの責任者たちの現地化を進めたが，今度は機能長も日本在住とするのではなく，機能長自身の海外移転又は現地化を進めることである．それと同時に，幹部が一体となってグループトの経営課題への取り組みを進めることであり，このテーマの下に外部コンサルタントを活用して，ガバナンス向上を目指しての学びと，実用化を図ることを進めている．

(2) ビジネスセンスの異なり

一国一国，教育制度・政治のあり方・宗教等の複数の要因により，各市場におけるビジネスセンスは大きく異なっている．一例として世界競争力評価[*1]を取り上げてみる．まず基本となる教育について，日本人とスイス人の義務教育に関する考え方，そしてその後の教育課程の選択のあり方等，大きく異なっており，この違いがビジネスセンスにも大きな影響を与えている．

我々は〝職場〟はエネルギー創出の場と考えている．そしてこのエネルギーは多様性から生まれると確信している．我々のように小

[*1] スイスのビジネススクール IMD の世界競争力センターは，世界競争力評価を国の競争力に関連する統計として，経済状況，政府効率性，ビジネス効率性，インフラを大分類として調査している．2019 年では，1 位：シンガポール，2 位：香港，3 位：米国，4 位：スイス，日本は 30 位となっている．

さなスイスオフィスでは，8か国からの出身によるメンバーで構成され，彼らのパートナーを入れると12か国の出身者という，正に多様性の職場である．考え方の違いがダイナミズムと新しい思考を生み出していると感じられる．

このように市場と市場，国と国によるビジネスセンスを我々日本人が身につけるのは，欧州・米国・ラテンアメリカ・アフリカと結びつきが強い欧米人に比べ大きなハンディキャップである．それゆえ我々自身が，多様性の中に身を置かなければならない．

(3)　しくみの一貫性

企業を特徴づける三構成要素は〝人・しくみ・風土〟とも言われている．この中で〝しくみ〟については，日常業務は円滑に進捗しているゆえに，〝しくみ〟は定着していると考えがちである．またGCの場合はコンピュータの2000年問題に対処すべく，SAPを導入，ERPの活用を図っていたゆえに，業務の〝しくみ〟はできていると錯覚していた．要は部分最適が図られ，残念ながら全体最適の発想が欠如していた．そこで取り組まなければならなかったことは，業務フローの実態把握と，各々のプロセスで管理インデックスとして使用する，KPI算出定義と納期を，きっちりと原点に立ち戻り管理しなければならない状況であった．

これらは，2000年代は一つの見識で〝業務の合理化を図ろう〟一体で活動していたものが，時間の経過とともに現場最適へと変化し，プログラムのアドオン化が加速し，使用している単語・KPIは同じでも，それらのデータが生まれるプロセスは個々に異なる，との現象が散見されるに至った．

このように我々の場合，まじめに自部署の最適化を求め，また改善による手直し，そして標準化の促進により，次第に当初の全体最適を求める〝しくみ〟からの変質が生じやすいように思われる．

ここは定期的に技術的な進化を取り入れ，思い切った業務のスクラップ＆ビルドが必要であるとともに，KPI そのものが機能本来の狙いを反映しているかの確認が必要である．

(4)　規制強化が進む中で

我々は医療機器・日本の薬事法に該当する規制の中にあり，更に欧州では MDR なる新しい規制に 2024 年に移行完了予定（2020 年 6 月時点）である．また中国では 2015 年から突如規制が厳しくなり，またこの申請手続きのコストも非常に高価となり，日本における申請費用以上の金額となっている．

更に先進国に続いて E7 [*2]，発展途上国も次々と薬事法のルールが拡大している．

この他に悩まされるのが税金問題である．GAFA 企業への課税が話題になり，今やどこの国も税収入の増加に必死である．そのために OECD ルールが厳格化されている．我々のように商品を国境を越えて移動させて販売する企業にとって，移転価格税制問題は大

[*2] ブルームバーグ社（米国）は，主要新興国 7 か国と言われる E7（中国・インド・ブラジル・ロシア・インドネシア・メキシコ・トルコ）が，今後 20 年余りで G7 の国々を経済規模において抜くであろうと，米国コンサルタント会社のプライスウォーターハウスクーパース（PwC）が予測していると発表した．

きなテーマである．各地域で理論だった価格構造を構築するという，大変手間暇のかかる作業に世界的に取り組まなければならない．

更に気候温暖化の問題とともに，環境問題が大きなテーマとなり，これらに関係するテーマをお座なりにすることは，逆に大きなリスクを伴うことになると予想される．できるだけ積極的に取り組む姿勢が必要である．我々の場合は，水俣の水銀問題に起因した，国際連合で〝Minamata 宣言〟が採択されているが，歯科における水銀問題への取り組みは，国によってその歩調は大きく異なっている．

また，Digitalization の急激な展開とともに，コンピュータ周りのデータの秘密保持の厳格化が求められている．我々の業務監査を担う大手監査法人からは，この関連で次々と指摘を受け，前向きに対応する等の経費予算が拡大している．

(5)　デジタル（Digital）の活用が不十分である

業務が世界的となり，距離的・量的にも拡大して行く中で，最先端の IT を活用せずに対応していくことは難しい．コスト・時間の面で可能な限り AI 等の導入も進め，突発的な変化以外は，パターン重複の度合と考え，業務の IT 化依存を進めることが必要である．

更にデジタル化の変化がもたらす領域として，デジタル・トランスフォーメーションが考えられる．お客様との新たな関係性を重視しながら，開発・ものづくり・サプライチェーン・お客様とのコンタクト情報等，デジタル化をツールとして，全てのプロセスの見直し，バリューチェーンの変革が可能であることが実証されている．

また，カスタマーサイドのバリューチェーンを大きく変革する動きが活発である．歯科医師の診断・治療プロセス，また技工士の作業プロセスのデジタル化による精度向上・時間短縮・使用可能材料の変革が急速に進み，CAD/CAM から 3D Printing 技術の応用へと加速している．このようにカスタマーサイドのバリューチェーンの変革が，業界内の既存ビジネスプロセスの変革を生み出している．

また，B to C を結ぶ Distribution はインターネットを活用しての情報提供に対応しつつ，診療及びデジタル機器等への保守サービスが大きな生命線となりつつある．

同時に我々 Manufacturer はいかに的確な情報を十二分にそろえ，カスタマーフレンドリーなアクセス条件を準備していかなければならない．今回の新型コロナウイルス問題で，情報提供の方法として B to C の強化の声が高く，従来の営業マンによるアプローチから大きく変化しつつある．

情報が世界的につながり，取り扱いが容易になるにつれて，情報の保護・保守に十二分な注意が求められるようになっている．防衛体制の強化が必要である．

更に，外部からのアクセスの容易さは，前述のデータの秘密保持についてだけではなく，なかま一人ひとりの警戒心のレベルアップの必要性が極めて高まっている．外部の人間が正に自分の前に突然侵入していることがあるとの注意力が必要である．

6.2 日本企業としての制約

(1) 世界で活躍する日本人の割合

世界で活躍する日系人（移住して当該国の国籍又は永住権を取得した日本人）は380万人，また世界で居住する日本人は130万人と言われている．それに比して世界に広がる華僑は5 000万人，またドイツ系は北米を中心に3 000万人とも言われている．輸出額の多い国々は自ずと自国民の海外生活者も多く，また親戚筋等で海外とのつながりも深い関係が見られる．このように中国人・ドイツ人は海外旅行も気楽な気持ちであり，また欧米との関係も正に親戚同士の訪問の気安さが，海外との関係を強固なものとしている．

(2) 〝Japan as No.1〟の夢よ再び

バブル経済の最中，日本企業の海外進出には目を見張るものがあり，世界の人々が驚異のまなざしを注いでいた．筆者がいるスイスでも，チューリッヒに日本の有力金融機関が24行も進出し，JALが発着し，日本人学校も盛況であったと言われている（今やゼロとなり，日本人学校も生徒数の維持に苦労している.）.

また同時に，『MADE IN JAPAN』（盛田昭夫著，朝日新聞社）が出版され，TQCの活動の成果をCBS等海外の報道機関と大学が詳しく研究・取材をし，日本が品質立国として輝いたときでもあった．正に政府と企業そして研究機関が連携し，数々の成果が生まれていた時代であった．

ちょうど全ての歯車が高速で順調に回転していた時代である．

我々は残念ながら一度体験をした成功体験を忘れることはできず，時代が移り変われば，また元に戻れるとの心持ちを常に抱いている．

しかしながら自分たちの置かれている環境が，大きく変わってしまっていることを，なかなか認めることができないのが，人間の性である．日本からの旅行者の比率も下がり，Financial Times 紙等に記載される情報も件数・量的にも下がっている．多くの経済指標ですら日本の比率は低下が続き，残念ながら日本の存在価値は低いと言わざるを得ない．それなのに日本人の我々は…….

(3)　中国の影響力の拡大

日本は第二次世界大戦の敗戦後，共産主義の脅威という極めてエモーショナルな環境に支えられ，世界も目を見張る経済成長を遂げ，見事に先進国入りした，その前の明治維新においても，欧米列強の野心を上手く防ぎ，富国強兵政策のもと，アジアの強国としての立場を確立している．この二つの歴史的事実が実現できたのも，隣国中国の存在が極めて薄かったからである．しかしながら中国は 1949 年の革命以来，新たな異型の資本主義国として台頭している．数年前まで巨大市場ばかりに目が行き，政治的・人民統制に全く異なる中国について，片目を閉じて行動してきた欧米諸国が，今や行動力を強めている．ここまで中国を強大にしてしまった今，このバランスを取ることが極めて難しくなっている．これほどまでに取り込まれてしまった欧米企業が，鉾先を本当に変更できるのか，極めて疑問に感じられる．

正に1990年初頭までの日本の立場を中国が引き継ぎ，巨大な人口力から，世界における存在感はあらゆる面で圧倒的なパワーとなっている．このパワーの存在は，パワーが次なるパワーを生むという，自己増殖作用を生み出し，極めて細部まで中国パワーが影響するに及んでいる．今回の新型コロナウイルスへの中国政府の対応が，その本質を物語っているように感じられる．ここで中国政府及び国民の姿勢が，真の世界のリーダーとして認知されるかの限界点に到達しているように思われる．

(4)　価値観の違い

現在我々が活用している技術は，アラビア文明，ギリシャ文明そしてローマ時代に培われてきた西洋文明を基盤としている．この中には更にはコペルニクス，ニュートン等，今日の我々の行動原理すら左右している原理も追加されている．

これらの主流はキリスト教ベースであり，そのルールが基本原則として，どうしても尊重されているのが現在の世界である．基本的な価値観を生み出しているこの価値観が，全ての基軸となり，物事の考え方・判断基準を制約しているのが，今日の21世紀である．もちろん歴史的事実から，文明はその中心を，西方移動してきたものが，現在では東方に戻りつつある．しかしながら我々の考えが及ぶ間には，東方にあるとまでは言えないと見ている．

(5)　未だに鎖国的な日本

日本は四方を完全に海に囲まれた島国であり，実際に鎖国も経験している．そして世界の人類の移動・仏教の伝来の流れから見ても，終末点となり，Far East の概念が生き続けている．この終末点であり続けることができていることは，逆に言えば安住の地とも言える．

この安住の地に定着し，そこに生活を続けることは，再び異質なエキゾチックな文明を生み出す可能性はあるものの，世界とのギャップを生み出す危険性を感じずにはいられない．悲惨な第二次世界大戦の敗戦という史実を経ても，その真の原因を求めず，また明治維新にノスタルジアを感じる我々自身の固定された思考回路に，今こそ心すべきときではないだろうか．そのときにこそ，我々は世界へ真の意味で，踏み出すことができると信じている．我々は思考的に未だに鎖国状態である．

我々は今，超高齢少子社会の真っ只中であり，その回復の手立ても全く定まっていない．また〝失われた 20・30 年〟と言われる真の原因を探ろうとする人も多くない．そして驚くべき GDP 比 237％と言われる国の債務残高を一人ひとりが背負っている．

これからの 21 世紀も日本にとって明るい世紀と言えるのだろうか？　筆者ははなはだ疑問に感じている．政治家の心地良い話に乗るのではなく，我々一人ひとりの生き様を考え，覚悟を持って行動すべきときに来ていると思っている．

第7章 真のグローバル，そしてさらなるビジョナリーカンパニーを目指して

1990年に日本を評した『日はまた沈む』(草思社) の著者ビル・エモット[*1]が近著『「西洋」の終わり』(日本経済新聞出版) の中で，“日本は成功ではなく停滞，保守主義，硬直化のケース・スタディになった”と評した．手厳しい話である．筆者としても数々のデータに対し反論できないのが苦しい．我々経営者は，自ら体を動かし実績を示すしかない．今我々は〝真のグローバルカンパニー〟としての歩みを示し，そこに証を築きたいと考えている．

2005年以降〝The World is Flat〟と主張した，トーマス・フリードマン[*2]の話に注目して活動してきた筆者であるが，現実の世界へのあり様は〝マルチナショナル市場〟として対応を進めている．しかし活動の原点となる〝グローバルカンパニー〟という呼称は極めて重要である．

[*1] イギリスのジャーナリスト．1990年『日はまた沈む』でジャパンパワーの限界を示した．また近著『「西洋」の終わり』ではグローバル化の進展がもたらした不平等の拡大により，世界は急速に閉鎖的空間になりつつあると説く．

[*2] 『フラット化する世界』(上・下)，(日本経済新聞社) の著者．New York Times紙外交問題コラムニスト．アメリカの世界的ジャーナリストでピューリッツァー賞を三度受賞．

7.1 証とは

世界的に見てもグローバルカンパニーは少ないと言われ，ましてや日本では，数えるほどしかないのではとの評価もある．その上に中堅企業ではなおさらに……．しかし一経営者としては，それゆえに挑戦したくなるのが性である．

何を持って中堅グローバル企業と言えるのであろうか？　我々の定義は単純である．〝世界的な商品を持つ（シェア）〟〝どこの地域でも売れている〟――この二つを満たせるか，が証であると自分の今までの経験で考えている．

最初の世界的な商品は，創業者の最後の夢として語った製品〝Fuji Ionomer〟が1970年代後半に商品化され，この商品の下に自信を持って商談に臨めるようになった．それ以来メーカーとしては絶対に必要な武器である．後者は我々の場合，戦力そして体力の関係から，当初の先進国中心に力を集中してきた．これは戦略として正しかったと確信しているが，中国を始め当時の発展途上国市場で立ち遅れている．今となって〝Emerging Marketへ〟と掛け声を発している状況である．

それゆえ〝世界的な商品を5年に一度ずつ出すこと〟〝どこの地域でも売れている〟そして最後に忘れることはできないのが〝経営者の変わらぬ覚悟〟である．この3点が中堅企業である我々の〝真のグローバルカンパニー〟との証である．

7.2 これからの強化の方向性

筆者は企業を特徴づける三要素として〝人・しくみ・風土〟としている．企業のステージごとに，〝人・しくみ〟が変わりつつ，独自の〝風土〟のもとに成長を続けていると考えている．そこで〝さらなるビジョナリーカンパニー〟となるための3要点を書き出してみた．

(1) ステークホルダーの満足度向上を目指して

今，我々の業界では資本主義社会の一つのモデルが生み出されている．それらは，20年前には想像もできなかった実像となっている．その一つは歯科器材を中心とするM&Aによる巨大企業（売上高4 500億円）の出現である．もう一つはファンドマネーの流入による歯科医院の企業化であり，チェーン化である．当初，これら二つの大きな動きは，非常に大きな期待をもって迎えられた．

それに伴い，それらの周囲の人間は本当に幸せになったであろうか？　実際ははなはだ疑問である．全ての基本である患者の満足度は改善されたであろうか？　歯科医療の質は向上したであろうか？もちろん技術進歩により改善はされているものの，本当にそれらが全てであろうか？

しかし前者はM&Aへの投下資金の巨大さが，ノレン代の償却となってのしかかり，巨額の赤字を計上し，株主をあわてさせている．このM&Aはドイツ等に多く存在した有力な企業を根こそぎグループ化し，まったく異質の産業モデルとしてしまった．また後者は，低価格で質の良い治療をと期待され，拡大した．しかしながら，今や治療の質の確保に悩んでいる．これは患者による評価の影響である．

上記のような，資本主義の申し子のようなケースを目の当たりにすると，資金力による力づく戦術が，結局は医療の結末を，患者の満足度ではなく，利益で評価することの限界を感じている．

また世の中に目を転じてみると，新しい投資の視点としてESGが注目され，また去年の夏からは〝株主至上主義〟への反省が叫ばれている．世の中も変わらなければならないと主張を始めているように感じられる．

その中で当社は，株式会社であるものの，当初から働くなかまと，資金を出した出資者とは，何ら違いはなく，同等であるとし，この考えのもとに設立されている．株主自体もなかまとその家族，そして創業三家族の保有である．したがって全く投機的でもなく，また大きなリターンを求めず，会社の社会貢献を願うとのコンセプトのもと出資が行われている．それゆえ，我々を取り巻く五つのステークホルダーの皆様各人に，常に満足いただかねばならず，これらが最も評価される企業こそが真の世界一と考えている．

(2) マネジメント体制の確立

Principal Model（機能ごとに利益を創出する）の実践を目標に分社化，そして機能長・地域別を導入している．そして今，機能長の東京・スイス化を進め，次の段階は外国人の登用を考えている．現在は日本中心の考え方がまだまだ幅を利かせ，グループ全体の最適とは言えない傾向が散見されるとともに，日本のシステムの維持・改善欲的なものを感じている．今までの成功してきたプロセスに小改善を重ねつつ維持しようとの気持ちは理解できるものの，今やグローバルレベルでは，新技術を活用して飛躍的な成果を生み出すケースが見られる．本来はCFTと称する挑戦活動を提唱していたが，不思議なもので小集団的なKI活動に集束しつつあるように感じられる．そこで期待されるのが，ITの目玉となるHenka Projectの完遂とそこから生み出されるデータの解析とベンチマーキングによる真のプロセスの再構築を図り，中堅企業歯科企業として世界に誇れるビジネスプロセスを生み出すことである．そのためには組織構造の明確化と，指揮命令系統の単純化，そしてデータと仮説力，更に分析力による変化への対応力向上が今や求められている．

(3) Centerliged Marketingの強化

従来は日本中心及びオペレーション依存型のマーケティングであり，製品中心型であったことは否めない．ここでライバル各社の現況を把握するとともに，医療業界の状況を研究し，さらにアーヘン大学の当社に関するカスタマーサーベイの結果等から，我々のメーカー型・製品中心のマーケティングの見直しの必要性を痛感していた．そこで筆者の敬愛するピーター・ドラッカー先生の“企業の目的は，顧客の創造である．したがって企業は二つの，そして二つだけの基本的な機能を持つ．それがマーケティングとイノベーションである”に注目し，日本企業そして我々の弱点であるマーケティングについて抜本的立て直しを図ることに注力している.

もちろん当社にも昔からマーケティングを司る部署は存在していたが，しばしばその求められる機能が変化していたのも事実である．さらに最近の新しい技術であるインプラント，デジタル等は，診療室の治療の流れ，すなわちプロセス全体又は多くの部分を変革することに貢献している．今や世の中で言われている〝モノからコト″への転換であり，これに即したストーリーづくりを求められている．それゆえ企画・設計，実装実験とエビデンスづくり，そしてマーケティングプランまでを取りまとめる必要性が高まっている．このための人的強化と，新製品開発プロセスの見直しと，実際の業務移管を進めている.

(4)　Vision 実現を心して――人の心持ちを前向きに

筆者は Vision を実現するにはイノベーションを起こすことと考えている．しかしながら正直に申し上げて，シュンペーターが『経済発展の理論』(日本経済新聞出版) で提示した〝イノベーション″について，社内で語られることが減っている．35 年前には〝五つのイノベーション″を提唱して〝新市場・新製品・新生産方式・新原材料・新しい販売方法″を模索していた．今考えると，新しいことの多くは，従来からの技術の結合＋αで成り立っていた．もちろん新しいマッサラな技術から生まれるケースもあるものの，やはり既存技術＋αの上に生まれているモノ・コトが大多数である.

さて筆者の長年の会社生活で，ヒット商品・新しいセールスアイデアを生み出す〝なかま″が存在していた．その人たちに共通しているのは，非常にプロアクティブに物事を捉えることができ，人との会話を好む人であり，部門間を越えての会話のできる人である．イノベーションは結合から生まれるとすると，この結合にチャンスを生み出すのは人間である．それゆえ化学反応を起こせる人間として，我々はコア人材を導かなくてはならない．それには自分自身が常にプロアクティブに，そして人の話を聞き，把握できる能力を心がけなければならない．正に人は自分の鏡であり，部下が活発に動かない，会議が活発にならないのは，自分の持つエネルギーが逆作用をしていると感じとらなければならない．

このように職場に常にフレッシュな風が吹き込むような爽やかな雰囲気であることを心がけなければならない．

(5) 一燈照隅 万燈照国

筆者は宗教家ではないが，この最澄の言葉を，世界中で愛用させていただいている．78億人の中の一人として，自分の存在は非常に小さい．しかし自分の務めを真剣に果たし，多少の前進をすれば，小さな小さな灯が一つ燈り，またGCという会社でなかま一人ひとりが頑張って，各々の務めに励めば，GCとしての成果が火として燈り，歯科界の中で，GCが頑張れば歯科界にも一人ひとりの歯科従事者の努力を通じて火が燈り，各地域で歯科医療という分野に火が点々と燈り，多少は世の中に燈しがつき，他の分野の皆様の燈火も次々と明るくなり，地域，遂には全国も明るくなると信じている．

それゆえ自分に託された仕事を懸命に進めることが，結局は世の中を明るくすることになると信じている．

このような心持ちで，自分たち一人ひとりのVision・Mission実現への努力を重ねることが，〝真のビジョナリーカンパニー〞への道程と考えている．

そして今回の新型コロナウイルス禍から，グローバリゼーションに対して数々の問いかけが増えるとともに，逆風が吹くものと感じられる．しかしながらグローバリゼーションの時代に合わせて構築された制度の多くは残るとともに，一方では，新しく拡大するであろうローカルを大切にする気持ちが芽生えてくる．このどちらに基軸を置くかである．このときに，我々はグローバルとローカルの両方に陣を置いたグローカル・マルチナショナリゼーションを実現すべく，更なるチャレンジを進めたいと考えている．

資　料

グローバル深耕化のための5段階説

第1ステップ〔輸出中心段階〕（1933～1971年）

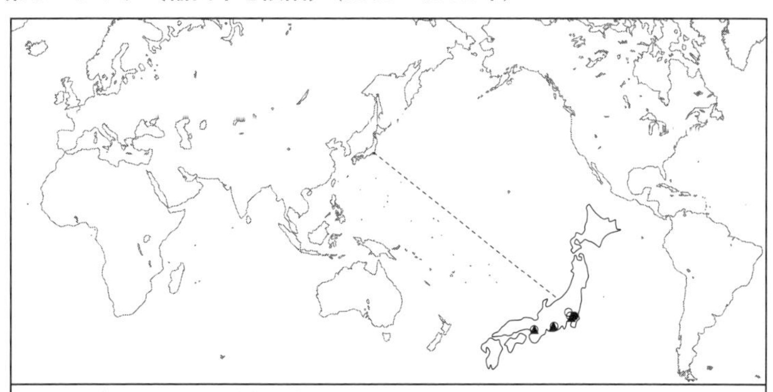

主な拠点（太字：本社　※協力会社）
●事 業 所：**本社**（**東京**）
○生産拠点：**本社工場**（**東京**），而至陶歯（春日井），大成歯科（大阪），※新見化学（群馬）
▲研究拠点：**本社研究所**（**東京**），而至陶歯（春日井），大成歯科（大阪）

第2ステップ〔現地化段階〕（1972～1982年）

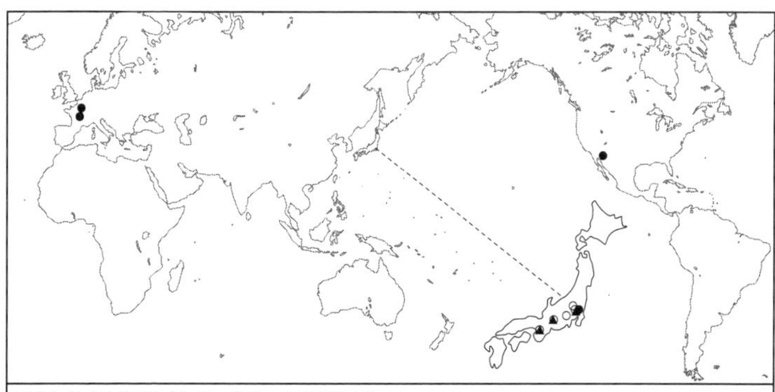

増加した主な拠点（太字：本社　＊機能分括）
●事 業 所：**GCI ヨーロッパ支店**（**ベルギー**），＊GCI フランス事務所
GCI アメリカ支店（アリゾナ州→後にイリノイ州に移転）
○生産拠点：＊而至富士小山工場（静岡）

第 3 ステップ〔国際化段階〕(1983〜1991 年)

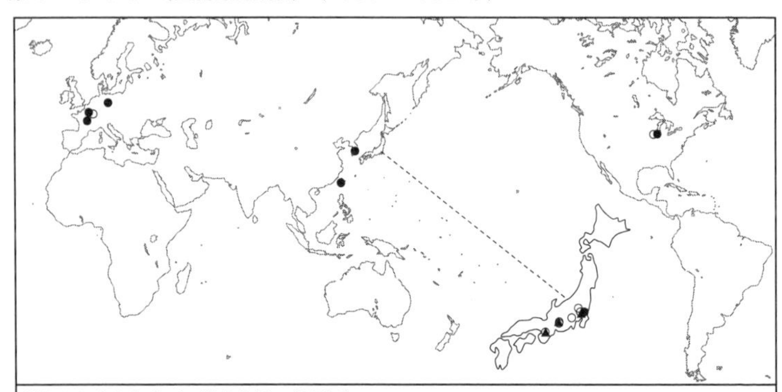

増加した主な拠点（＊機能分括　◇買収）
●事 業 所：＊GCI ドイツ支店，＊台湾而至，＊GC コリア
○生産拠点：＊GCI ヨーロッパ支店ベルギー工場，◇COE ラボラトリーズ（アメリカシカゴ），GC アサヒ（春日井）

第 4 ステップ〔多国籍化段階〕(1992〜2011 年)

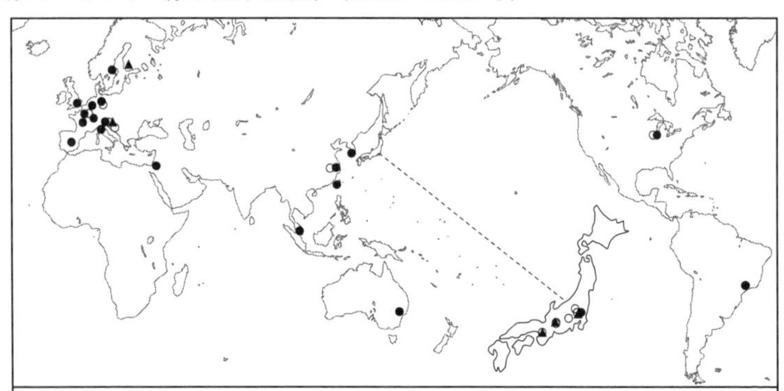

増加した主な拠点（太字：本社　＊機能分括　◇買収）
●事 業 所：＊GCI イタリー，**GC アメリカ**，＊**GCESA ルクセンブルク**，＊GC UK（イギリス），＊GC イスラエル，＊GC 上海，＊GC オーストリア，＊GC ベネルクス（オランダ），＊GC ノルディック（スウェーデン），＊**GC アジア（シンガポール）**，GC オーストラレーシア（オーストラリア），＊GC イベリカ（スペイン），◇クリエーション（オーストリア），GC サウスアメリカ（ブラジル），GC テックヨーロッパ（ベルギー），GC オルソドンテックアメリカ，GC オルソドンテックヨーロッパ（ベルギー）
○生産拠点：◇KLEMA（オーストリア），KLEMA クロアチア，而至歯科（蘇州），GC アメリカシカゴ工場，◇ZL 工場（ドイツ）
▲研究拠点：◇KLEMA（オーストリア），◇Stick Tech（フィンランド）

第 5 ステップ〔マルチナショナル化段階〕（2012 年〜現在）

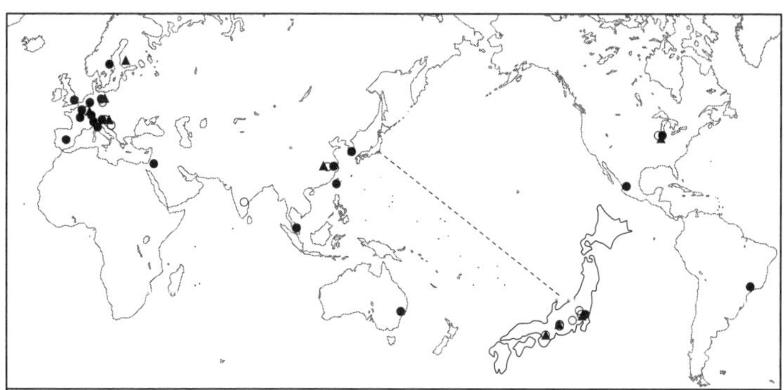

増加した主な拠点（太字：本社　＊機能分括　◇買収）
●事 業 所：＊ **GCIAG**（スイス），＊ GCEAG（スイス），＊ GCNV（ベルギー），GC メキシコ
○生産拠点：＊ GCME（ベルギー），＊ GCMA（アメリカシカゴ），GC インド
▲研究拠点：◇ A·tron（オーストリア），GCLE（ベルギー），GCLA（アメリカシカゴ），GCLC（蘇州），＊ ZL（ドイツ）

GC グループ連結売上高推移

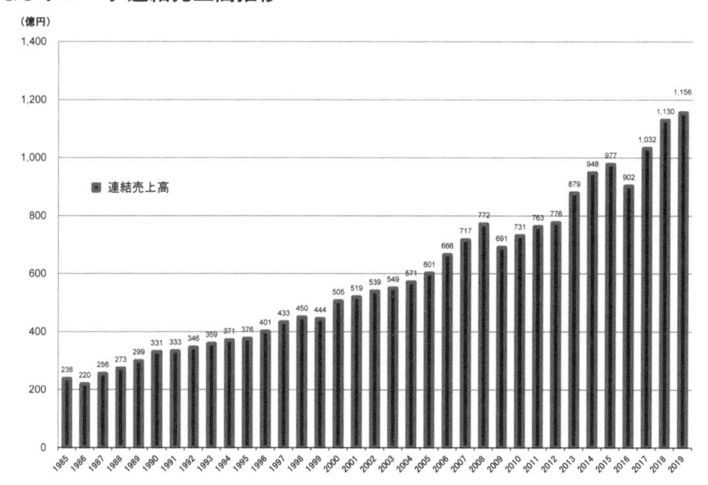

GC グループ社員数の推移

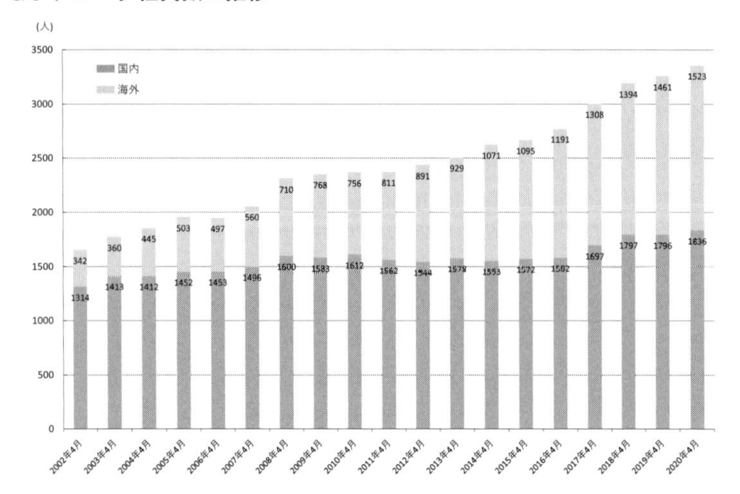

GC グループ KI テーマ完了件数

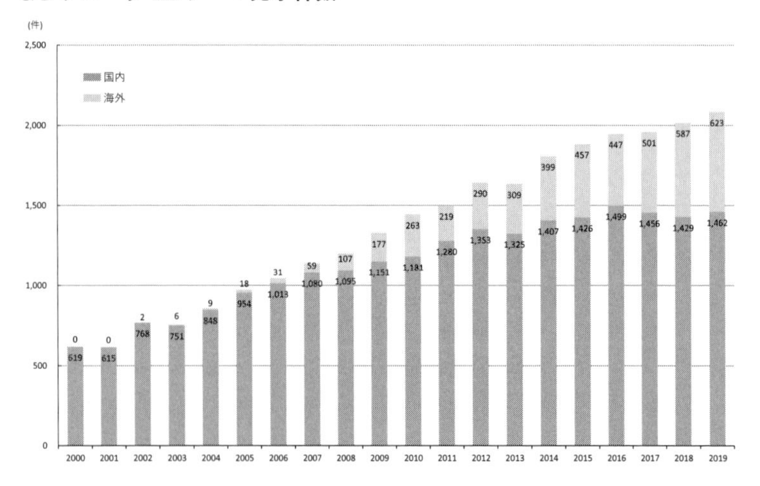

最　後　に

世の中，情報が錯綜し，物事のスピードは加速しつつ，突然方向転換を図る等，全く予測できないことが次々と発生している．一方人間の進歩とともに，今回の新型コロナウイルスのように，未知の侵略者が登場し，突然予想だにしなかったことに遭遇している．

正に変化こそが当然のことであり，未来は今までの延長線上にないことも確かである．そして地球の主として人間が君臨しつつある今，人の持つ力，すなわち人間の数がいろいろなことを決めて行くことは確かである．その意味では中国・インドが当然のこと注目される．

上記のことから言えることは，再び日本の世紀は来ないということであり，日本のGDP世界ランクは下がり続けることになる．それゆえ，我々は自分自身，今までのような恵まれた生活は難しいかも知れないとの，割り切った人生を過ごすことが肝要である．縮小する日本市場で，自分の地位を守り抜く努力をするのか，ここで思い切って世界で勝負をかけるのか．今や経営者として選択と決断のときである．

しかしながら，もし後者の世界を選択したときには，筆者のように経営者として，日本国を離れる覚悟も必要である．それは世界市場で生き残ることも，決して容易ではないということであり，また自分の世代で成果を確立することはできないものの，時間をかけても，また何度も挑戦を繰り返さなければ，“世界の壁は開かない”

として，決してあきらめない心持ちが絶対に必要である．たとえは悪いが，〝帰国民〟ではなく，〝棄国民〟の覚悟である．

企業はステークホルダーにより支えられ，彼らの選択により盛衰を繰り返して行く．このためにも〝人・しくみ・風土〟が大切とお話ししてきた．しかしながらそれらの全てを左右するのが，マネジメントであり，更に言えばCEOである．このCEOの持つ人間力の大きさにより，企業の盛衰は左右されるとともに，器の大きさも決まる．自分が育てたCEO，マネジメントチームの底力に期待しつつ，新しい時代への船出を見届けたい．

筆者は，極めて厳しいことを申し上げた．日本のこれからは極めて厳しいと考えている．しかし日本人により支えられているこの国は，世界の中で本当に素晴らしい国である．日本人の心持ち，日々の生活，そして豊かな文化．どれも世界最高水準である．しかしながら，これからは厳しい．この素晴らしい日本を保ち続けるためにも，ぜひ皆様の世界での活躍を心から御期待申し上げるとともに，日本の良さを伸ばすローカリゼーションにチャレンジすると決意された皆様にも心から期待申し上げる．

我々一人ひとりが自分たちが担っている分野で，各々が世界に突っ込んで行ければ，その集合力は大きな力になると確信している．

創業者の孫として生まれ，TQMに導かれ世界に旅立った一人の経営者の歩みである．

“さあ，世界へ！”

謝　　辞

今回の執筆の動機づけをいただいた飯塚悦功東京大学名誉教授には，永年にわたる公私を越えてのご指導に感謝申し上げます．

また入社以来36年にわたりGQC/GQMそして秘書業務と，一緒に業務に取り組んだ武石健嗣氏に，今回も大変厄介をかけたことに御礼申し上げたい．

最後に，筆者の企業人・家庭人としてはもちろん社会人としての日々を支えてくれている妻の眞紀子にも感謝のメッセージを贈りたい．

索　　引

JSQC選書33

海外進出と品質経営による成長戦略
グローバル中堅企業100年の軌跡

定価：本体1,700円(税別)

2020年11月19日　第1版第1刷発行

監修者　一般社団法人 日本品質管理学会
著　者　中尾　眞
発行者　揖斐　敏夫
発行所　一般財団法人 日本規格協会
〒108-0073　東京都港区三田3-13-12 三田MTビル
https://www.jsa.or.jp/
振替　00160-2-195146
製　作　日本規格協会ソリューションズ株式会社
製作協力・印刷　日本ハイコム株式会社

ISBN978-4-542-50491-2